土木工程是一个历史悠久、生命力强、投入巨大、对国民经济具有拉动作用、专业覆盖面和行业涉及面极广的一级学科和大型综合性产业，为它编一套集新颖性、实用性和科学性为一体的"简明系列专辑"，既是社会的召唤和需求，也是我们的责任和义务。

新颖性——反映新标准、新规程、新规范、新理论、新技术、新材料、新工艺、新方法。

实用性——深入浅出，让人一看就懂，一懂能用，不是手册，胜似手册。

科学性——编写内容均有出处。

——摘自《简明土木工程系列专辑》总序

Simplified Series of Civil Engineering

清华大学土木工程系组编

丛书主编 崔京浩

杨杰 编著

简明土木工程系列专辑

框架结构计算分析与设计实例

中国水利水电出版社
www.waterpub.com.cn
知识产权出版社
www.cnipr.com

内容提要

　　本书是由清华大学土木工程系组编的"简明土木工程系列专辑"中的一本，主要针对建筑结构中最常见的结构型式——框架结构，重点讲述了其结构计算与工程设计的基本方法和详细过程。书中按照结构设计的流程，首先介绍了框架结构的方案布置、荷载分析、内力与侧移的近似计算方法，并给出了荷载效应组合的实用公式；然后分别针对非抗震设计和抗震设计讲述了截面验算方法与相应的构造要求；最后针对一个工程实例，用大量篇幅逐步详尽地阐述了框架结构设计的全过程。

　　本书全部内容均依据我国现行的最新结构设计规范组织编写，并对规范罗列条文式的叙述方式进行了梳理，尽可能以表格的形式将相关内容归纳总结，以便于读者理解和查阅。全书严扣规范，讲解细致，表格清晰明了，例题细致精准，具有极强的实用性和可操作性，使工程设计人员，尤其是初学入门者，能够在掌握框架结构设计基本理论的基础上，形成清晰的设计思路，掌握规范的设计计算流程。

　　本书可作为高等院校土木工程专业的教学用书、毕业设计参考书，也可供工程设计人员参考查阅。

选题策划：阳　淼　张宝林　E-mail：yangsanshui@vip. sina. com；z_baolin@263. net
责任编辑：阳　淼　张宝林
文字编辑：张　冰

图书在版编目（CIP）数据

框架结构计算分析与设计实例 /杨杰编著 . —北京：中国水利水电出版社：知识产权出版社，2008
（简明土木工程系列专辑 /崔京浩主编）
ISBN 978 - 7 - 5084 - 5647 - 8

Ⅰ. 框… Ⅱ. 杨… Ⅲ. ①框架结构—结构计算②框架结构—结构分析③框架结构—结构设计　Ⅳ. TU323.5

中国版本图书馆 CIP 数据核字（2008）第 085490 号

简明土木工程系列专辑
框架结构计算分析与设计实例
杨杰　编著
中国水利水电出版社　出版发行（北京市西城区三里河路 6 号；电话：010 - 68367658）
知 识 产 权 出 版 社（北京市海淀区马甸南村 1 号；电话：010 - 82005070）
北京科水图书销售中心零售　（电话：010 - 88383994、63202643）
全国各地新华书店和相关出版物销售网点经售
中国水利水电出版社微机排版中心排版
北京市兴怀印刷厂印刷
140mm×203mm　32 开本　7.625 印张　205 千字
2008 年 7 月第 1 版　2008 年 7 月第 1 次印刷
印数：0001—4000 册
定价：**20.00 元**

版权所有·侵权必究

如有印装质量问题，可由中国水利水电出版社营销中心调换
（邮政编码 100044，电子邮件：sales@waterpub. com. cn）

清华大学土木工程系组编

简明土木工程系列专辑

编 委 会

名誉主编　陈肇元　袁　驷

主　　编　崔京浩

副 主 编　石永久　宋二祥

编　　委　(按汉语拼音排序)

陈永灿　胡和平　金　峰　李庆斌

刘洪玉　钱稼茹　王志浩　王忠静

武晓峰　辛克贵　阳　淼　杨　强

余锡平　张建民　张建平

编 辑 办 公 室

主　　任　阳　淼

成　　员　张宝林　彭天赦　张　冰　邹艳芳

总　序

　　国务院学位委员会在学科简介中为土木工程所下的定义是：
"土木工程（Civil Engineering）是建造各类工程设施的科学技术
的统称。它既指工程建设的对象，即建造在地上、地下、水中的
各种工程设施，也指所应用的材料、设备和所进行的勘测、设
计、施工、保养、维修等专业技术"。土木工程是一个专业覆盖
面极广的一级学科。

　　英语中"Civil"一词的意义是民间的和民用的。"Civil En-
gineering"一词最初是对应于军事工程（Military Engineering）
而诞生的，它是指除了服务于战争设施以外的一切为了生活和生
产所需要的民用工程设施的总称，后来这个界定就不那么明确
了。按照学科划分，地下防护工程、航天发射塔架等设施也都属
于土木工程的范畴。

　　土木工程是国家的基础产业和支柱产业，是开发和吸纳我国
劳动力资源的一个重要平台，由于它投入大、带动的行业多，对
国民经济的消长具有举足轻重的作用。改革开放后，我国国民经
济持续高涨，土建行业的贡献率达到1/3；近年来，我国固定资产
的投入接近甚至超过 GDP 总量的 50％，其中绝大多数都与土建行
业有关。随着城市化的发展，这一趋势还将继续呈现增长的势头。

　　相对于机械工程等传统学科而言，土木工程诞生得更早，其
发展及演变历史更为古老。同时，它又是一个生命力极强的学
科，它强大的生命力源于人类生活乃至生存对它的依赖，甚至可
以毫不夸张地说，只要有人类存在，土木工程就有着强大的社会
需求和广阔的发展空间。

　　随着技术的进步和时代的发展，土木工程不断注入新鲜血
液，呈现出勃勃生机。其中工程材料的变革和力学理论的发展起

着最为重要的推动作用。现代土木工程早已不是传统意义上的砖瓦灰砂石，而是由新理论、新技术、新材料、新工艺、新方法武装起来的为众多领域和行业不可或缺的大型综合性学科，一个古老而又年轻的学科。

综上所述，土木工程是一个历史悠久、生命力强、投入巨大、对国民经济具有拉动作用、专业覆盖面和行业涉及面极广的一级学科和大型综合性产业，为它编写一套集新颖性、实用性和科学性为一体的"简明系列专辑"，既是社会的召唤和需求，也是我们的责任和义务。

清华大学土木工程系是清华大学建校后成立最早的科系之一，历史悠久，实力也比较雄厚，有较强的社会影响和较广泛的社会联系，组编一套"简明土木工程系列专辑"，既是应尽的责任也是一份贡献，但面对土木工程这样一个覆盖面极广的一级学科，我们组编实际起两个作用：其一是组织工作，组织广大兄弟院校及设计施工部门的专家和学者们编写；其二是保证质量的作用，我们有一个较为完善的专家库，必要时请专家审阅、定稿。

简明土木工程系列专辑包括以下几层含义：简明，就是避免不必要的理论证明和繁琐的公式推导，采用简洁明快的表述方法，图文并茂，深入浅出，浅显易懂；系列，指不是一本书而是一套书，这套书力争囊括土木工程涵盖的各个次级学科和专业；专辑，就是以某个特定内容编辑成册的图书，每本书的内容可以是某种结构的分析与计算，某个设计施工方法，一种安装工艺流程，某种监测判定手段，一个特定的行业标准，等等，均可独立成册。

这套丛书不称其为"手册"而命名为"系列专辑"，原因之一是一些特定专题不易用手册的方法编写；原因之二是传统的手册往往"大而全"，书厚且涉及的技术领域多，而任何一个工程技术人员在某一个阶段所从事的具体工作又是针对性很强的，将几个专业甚至一个项目的某个阶段集中在一本"大而全"的手册势必造成携带、查阅上的不方便，加之图书的成本过高，编写机构臃肿，组织协调困难，出书及再版周期过长，以致很难反映现代技术飞速发展、标准规范规程更新速度太快的现实。考虑到这些弊端，这套系列专辑采用小开本，在选题上尽量划分得细一些，视专业、行业、工种甚至流程的不同，能独立成册的绝不合二为一，每本书原则上只讨论一个专题，根据专题的性质和特点有的书名仍冠以"手册"两字。

这套系列专辑的编写严格贯彻"新颖性、实用性、科学性"三大原则。

新颖性，就是充分反映有关新标准、新规程、新规范、新理论、新技术、新材料、新工艺、新方法，老的、过时的、已退出市场的一律不要。体现强劲的时代风貌。

实用性，就是避免不必要的说理和冗长的论述，尽可能从实用的角度用简洁的语言以及数据、表格、曲线图形来表述；深入浅出，让人一看就懂，一懂能用；不是手册，胜似手册。

科学性，就是编写内容均有出处，参考文献除国家标准、行业标准、地方标准必须列出以外，尚包括引用的论文、专著、手册及教科书。

这套系列专辑的读者对象是比较宽泛的，它包括大专院校师生，土木工程领域的管理、设计、施工人员，以及具有一定阅读能力的建筑工人。它既可作为土建技术人员随身携带及时查阅的手册，又可选作大专院校、高职高专的教材及专题性教辅材料。

崔京浩

2005 年 10 月于清华园

崔京浩，男，山东淄博人。1960 年清华大学土建系毕业，1964 年清华大学结构力学研究生毕业，1986～1988 年赴挪威皇家科学技术委员会做博士后，从事围岩应力分析的研究。先后发表论文 150 多篇，编著专业书 4 本，参加并组织编写巨著《中国土木工程指南》，任编辑办公室主任，并为该书撰写绪论；主持编写由清华大学土木工程系组编的"土木工程新技术丛书"和"简明土木工程系列专辑"，并任主编。曾任清华大学土木系副系主任，现为中国力学学会理事，《工程力学》学报主编，享受国务院特殊津贴。

前 言

　　框架结构是一种常见的建筑结构体系，广泛应用于住宅、办公楼、商场、宾馆以及多层工业厂房。框架结构的主要承重体系简单规则、受力特点明确，在建筑结构设计的教学与实践环节中，占有重要的地位。

　　虽然已有很多介绍框架结构设计的图书，然而近年来我国建筑结构设计规范进行了大量的修订，以《建筑结构荷载规范》为例，《建筑结构荷载规范》（GB 50009—2001）于 2002 年 1 月颁布，自 2002 年 3 月 1 日起施行。原《建筑结构荷载规范》（GBJ 9—87）于 2002 年 12 月 31 日废止。随后又于 2006 年 7 月对《建筑结构荷载规范》（GB 50009—2001）进行了局部修订（包含部分强制性条文，如第 3.2.3 条、第 3.2.5 条、第 4.1.1 条和第 7.1.1 条）。建设部规定自 2006 年 11 月 1 日起应按 2006 年修订版的《建筑结构荷载规范》实施。虽然目前常用建筑结构设计规范的频繁修订已经告一段落，但这轮修订却使得此前大部分图书所援引的规范条文已经是废止失效的内容。因而真正按照最新规范编写结构设计的教科书和参考书是非常有必要的，也是广大读者所期待的。

　　本书即是按照当前现行的最新结构设计规范组织编写的，成书期间针对部分规范条文的最新修订，及时对书稿内容进行了调整，力争使本书内容能够带给读者最新的知识。可以预见，本书所涉及的主要规范内容，将会在今后一段较长的时间内保持稳定。

　　本书针对框架结构的计算与设计，按照工程设计流程分 7 章依次展开讲述，具体内容如下：

　　第 1 章，对框架结构进行了整体概述，介绍了部分国内外较为知名的框架结构建筑；结合框架结构的组成介绍了其主要特点，并给出了其分类方法，以及框架结构建筑的适用高度和高宽比。

第 2 章，主要介绍了框架结构的结构布置基本原则，以及如何将实际结构简化为计算简图。本章首先结合图例对结构体系的规则性进行了阐述；进而介绍了结构的柱网布置和承重方案；随后讲述了三种变形缝的设置原则和具体要求，并对框架结构中填充墙的设置及其对计算的影响进行了专门介绍；然后讲述了计算简图的简化方法，以及基本构件截面尺寸的估算方法；最后讨论了楼面梁计算刚度的调整问题。

第 3 章，分析了作用于结构上的荷载，并具体给出了永久荷载、活荷载、雪荷载、风荷载及地震作用的计算方法，以及如何通过荷载布置得到结构的最不利内力。

第 4 章，在第 2 章和第 3 章的基础上，主要讲述了内力与侧移的近似计算方法。竖向荷载作用下的内力计算采用分层法；水平荷载作用下的内力计算可根据情况分别采用反弯点法、D 值法和悬臂梁法。框架结构的侧移由两部分组成，文中分别介绍了具体的计算方法，并给出了结构侧移需满足的限值，随后对重力二阶效应做了专门论述。

第 5 章，主要介绍如何通过荷载效应组合，将第 4 章计算得到的内力转化为结构的设计内力，其中涉及控制截面的确定、荷载效应组合、最不利内力选择和内力调幅等。为便于设计者查阅应用，书中还特别给出了多高层框架结构的荷载效应基本组合的实用组合公式表。

第 6 章，重点介绍了框架结构的非抗震设计和抗震设计。本章首先介绍了非抗震设计时框架梁和框架柱截面验算要求与构造要求，以及框架节点的构造处理；然后在此基础上对抗震设计展开重点论述，包括抗震等级的确定方法、三水准两阶段设计方法、延性框架设计原则和截面验算以及构造要求。

第 7 章，主要针对一个工程实例，详细地列出了框架结构计算与设计的全过程，包括基本计算参数的取用与计算、各种荷载（作用）计算、结构内力计算、荷载效应组合、结构性能控制指标验算和截面配筋设计等。计算过程尽量采用图表化的表述方法，思路清晰、步骤详尽，指导性强，参考价值大。

本书从 2005 年起开始着手写作，其间历时 3 年，数易其稿。在整个编写过程中，中国水利水电出版社的阳淼副总编辑和张冰编辑给予了充分理解和大力支持，在此表示深深地感谢！东南大学的李爱群教授和南京航空航天大学的艾军教授也始终对本书的出版给予关怀，在此一并表示衷心地感谢！

作者真诚希望，本书能为土木工程专业学生的建筑结构设计课程的学习、毕业设计以及新从业的工程设计人员提供有益的帮助，使他们能够快速且正确地掌握结构设计的基本流程、计算理论与设计方法。

此外，热诚希望广大读者对本书提出宝贵意见，以使本书能不断完善。

目录

第1章　框架结构概述

框架结构是多高层建筑较多采用的结构形式，可广泛适用于民用住宅、办公楼、旅馆、医院、商场和工业车间等，如图1.1所示。

(a)

(b)

(c)

图 1.1　常见的框架结构建筑

(a) 综合办公楼；(b) 中学教学楼；(c) 商场

采用框架结构的建筑非常多，其中部分国内外较为知名的框架结构建筑经整理列于表1.1中。

表 1.1　　　　　　　　部分国内外较为知名的框架结构建筑

建 筑 名 称	年份	特　色	说　明
美国芝加哥家庭保险公司大楼（见图1.2）	1884	世界上第一栋近代高层建筑，首次采用了钢框架结构	10层，55m，毁于1931年

建 筑 名 称	年份	特　　色	说　　明
巴黎蒙玛尔特教堂	1894	第一个用钢筋混凝土框架结构建造的教堂	由法国著名建筑师包杜设计
美国因格尔斯大楼（见图 1.3）	1903	世界上最早的钢筋混凝土框架结构高层建筑。1974 年，被评为美国历史性地标建筑	地上 16 层，建筑高度 64m
上海亚细亚大楼（曾用名：麦克倍恩大楼）	1913	全国重点文物保护单位，有"外滩第一楼"之称	原为 7 层，后加 1 层。外观为折中主义风格，正立面为巴洛克式，柱式以爱奥尼克式为主。总体为钢筋混凝土框架结构
上海有利银行大楼（曾用名：友宁大楼）	1922	上海第一栋钢框架结构大楼，全国重点文物保护单位	大楼高 6 层，正立面仿文艺复兴风格，外装饰为巴洛克式，大门两旁有修长的爱奥尼克式柱，外墙用花岗岩贴面
美国纽约帝国大厦（见图 1.4）	1931	世界著名的早期钢框架结构高层建筑物，保持世界最高建筑长达 41 年之久（1931～1971 年），是目前纽约的最高建筑	102 层，高 381m；创每周修建 4 层半楼的纪录；安装了 73 部电梯，电梯速度高达 427m/min；全部造价 4100 万美元，1945 年遭轰炸机碰撞后修复
上海国际饭店（见图 1.5）	1934	中国人自己筹资建造的第一栋摩天大楼和 20 世纪 30 年代亚洲最先进的酒店，上海滩 20 世纪 30～40 年代的地标建筑，上海市地理坐标原点（0，0）所在地	占地面积 1179m²，地上 22 层，地下 2 层，地上高度 83.8m，大楼总建筑面积 15650 m²。在 1952 年之前一直是"远东第一高楼"。1983 年南京建成金陵饭店前一直是中国第一高楼

续表

建 筑 名 称	年份	特　色	说　明
上海同济大学文远楼（见图 1.6）	1954	我国最早的、唯一的、典型的德国包豪斯风格的建筑，是中国第一栋现代主义建筑	典型的 3 层不对称的错层式钢筋混凝土框架结构建筑，其建筑面积达 5050m²。主要建筑师是黄毓麟、哈雄文，主要结构师是俞载道，当时是为同济大学建筑系教学使用而设计建造的，后作为土木学院办公楼使用至 2005 年，现为建筑与城市规划学院使用。该建筑于 2007 年完成了世界一流的生态节能改造
北京民族饭店（见图 1.7）	1959	新中国第一座全装配式框架结构的饭店，是建国 10 周年十大建筑之一	主楼高 11 层，东西跨度 100m，南北跨度 50m，建筑面积 4.58 万 m²，2008 年北京奥运会接待饭店

图 1.2　美国芝加哥家庭保险公司大楼　　图 1.3　美国因格尔斯大楼

图 1.4　美国纽约帝国大厦

图 1.5　上海国际饭店

图 1.6　上海同济大学文远楼

图 1.7　北京民族饭店

第 1 节　框架结构的组成与特点

框架结构是由水平放置的梁构件和竖向放置的柱构件组成的主要承重框架，与楼（屋）面板共同构成的空间受力结构，并通过布置非承重填充墙（隔墙）形成适应需要的独立的建筑空间，如图 1.8 所示。

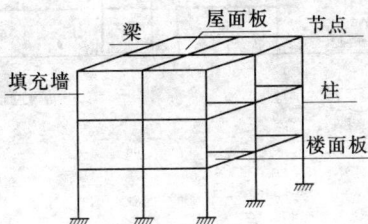

图 1.8　框架结构的基本形式

梁与柱的连接处通常称为框架节点，一般采用刚性连接［《高层建筑混凝土结构技术规程》（JGJ 3—2002），以下简称为《高规》（JGJ 3—2002）］规定：框架结构的主体结构除个别部位

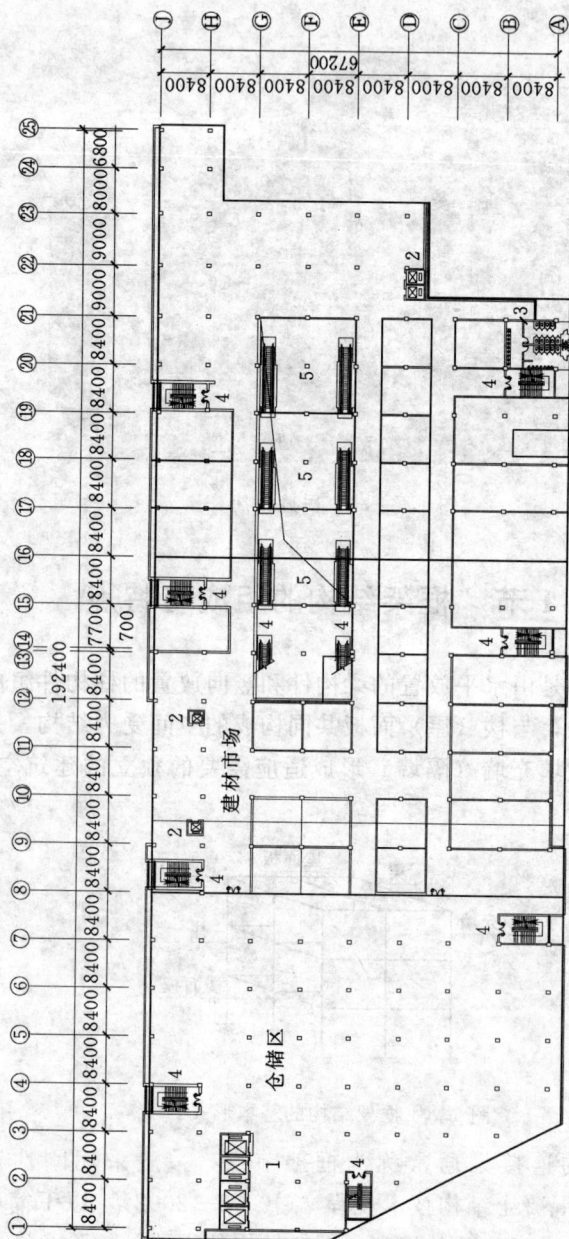

图 1.9 某建材市场（框架结构）平面布置

1—货梯；2—客梯；3—卫生间；4—楼梯；5—自动扶梯

建材市场

仓储区

外，不应采用铰接]。刚接节点能承受并传递轴力 N、剪力 V 和弯矩 M，从而使梁与柱作为一个整体，共同承担荷载作用。梁柱节点是框架的要害部位，它既是保证结构整体性的关键部位，又是应力集中的部位。以往的震害资料表明，节点往往是导致结构破坏的薄弱环节，因而在结构设计中应对节点给予充分重视。

采用框架结构的建筑可以形成较大的建筑空间，例如会议室、餐厅和实验室等；增设隔墙后，也可以形成小房间，因而平面布置灵活，如图 1.9 所示的某建材市场即采用了框架结构。由于外墙在结构中属于非承重构件，建筑的立面处理也很方便。

框架结构的侧向刚度主要取决于梁柱的截面尺寸。通常，由于受到净高和使用面积的限制，梁柱的截面尺寸不能太大。因而框架结构的侧向刚度相对较小，侧向位移较大，属于柔性结构。

通过合理的延性设计❶，框架结构能承受较大的变形，并能有效消耗地震能量，其本身的抗震性能较好。但是，由于其层间变形较大，所以容易引起非结构构件（填充墙、装修）的破坏，这些破坏不仅会造成很大的经济损失，也会威胁人身安全。

第 2 节　框架结构的分类

按所用材料的不同，框架结构可以分为钢筋混凝土框架结构和钢框架结构。钢框架结构一般是在工厂预制钢梁、钢柱，运送到现场再拼装成整体框架，具有自重轻、抗震性能好、施工速度快以及机械化程度高等优点。钢筋混凝土框架结构具有取材方便、造价低廉以及耐久性好等优点，目前国内采用钢筋混凝土框架较为普遍，本书内容主要针对钢筋混凝土框架结构。

按建筑高度的不同，框架结构可以分为多层框架结构和高层框架结构 [《高规》（JGJ 3—2002）规定：10 层及 10 层以上或房屋高度超过 28m 的为高层建筑]。

---

❶　参见本书第 6 章第 2 节延性框架的抗震设计。

按施工方法的不同，钢筋混凝土框架结构又可分为现浇式、装配式和装配整体式。

（1）现浇式框架即梁、柱和楼板均为现浇钢筋混凝土。一般是每层的柱与其上部的梁板同时支模、绑扎钢筋，然后一次性浇捣混凝土，自基础顶面逐层向上施工。板中的钢筋应深入梁内锚固。因此，现浇式框架结构的整体性好，抗震性好；其缺点是现场施工的工作量大，工期长，并需要大量的模板。

（2）装配式框架是指梁、柱和楼板均为预制，在现场吊装，通过焊接或其他连接拼装手段连成整体的框架结构。由于所有构件均为预制，可实现标准化、机械化生产，节约模板、缩短工期。但是由于在焊接接头处均必须预埋连接件，因而连接节点的用钢量大，而且在荷载大、振动大、要求框架有较大刚度时，连接节点的构造较难处理。装配式框架结构的整体性较差，抗震能力弱，不宜在抗震设防区应用。

（3）装配整体式框架是指梁、柱和楼板均为预制或部分为预制，在吊装就位后，焊接或绑扎节点区钢筋，通过浇捣混凝土，形成框架节点，从而将梁、柱和楼板连成整体框架结构。装配整体式框架既具有较好的整体性和抗震能力，又可采用预制构件，减少现场浇捣混凝土工作量，还可省去接头连接件。因此，它兼具现浇式框架和装配式框架的优点。装配整体式框架的柱与柱、柱与梁的刚性节点与连接可分为三个类别，如表 1.2 所示。

表 1.2　　　　装配整体式框架节点与连接的类别

名　　称		类别	适　用　条　件
柱与柱	榫式柱连接	1	柱截面不宜小于 400mm×400mm；宜采用长柱
	浆锚式柱连接	3	柱截面不宜大于 400mm×400mm；柱中纵向受力钢筋总根数不宜多于 4 根；不宜用于框架-剪力墙结构及砖填充墙框架结构
	插入式柱连接	2	柱截面不应小于 400mm×400mm；不宜用于框架-剪力墙结构及砖填充墙框架结构

续表

名　称	类别	适　用　条　件
明牛腿式节点	1	宜采用长柱
齿槽式节点	2	宜采用长柱
暗牛腿式节点	2	暗牛腿采用型钢；宜采用长柱
整浇式节点（A 型）	2	柱截面不宜大于 600mm×600mm；梁底纵向受力钢筋总根数不宜多于 3 根；柱内每侧纵向受力钢筋不宜多于 3 根
整浇式节点（B 型）	2	柱截面不宜大于 600mm×600mm；梁底纵向受力钢筋总根数不宜多于 2 根且直径不宜大于 25mm；柱内每侧纵向受力钢筋不宜多于 3 根
现浇柱预制梁节点（A 型）	1	梁底纵向受力钢筋总根数不宜多于 4 根
现浇柱预制梁节点（B 型）	2	梁底纵向受力钢筋总根数不宜多于 2 根且直径不宜大于 25mm
叠压浆锚式节点	3	柱截面不宜大于 400mm×400mm；柱内纵向受力钢筋总根数不宜多于 4 根

（表最左侧合并单元格为"柱与梁"）

第 3 节　框架结构房屋的适用高度和高宽比

钢筋混凝土框架结构房屋的建造高度应满足表 1.3 规定的常规房屋高度的要求。这里的房屋高度是指室外地面至主要屋面的高度，不包括局部突出屋面的电梯机房、水箱和构架等的高度。对于甲类建筑，抗震设防烈度为 6 度、7 度和 8 度时，宜按本地区抗震设防烈度提高 1 度后符合表 1.3 的要求。

表 1.3　钢筋混凝土现浇式框架结构的最大适用高度(A 级)　单位：m

非抗震设计	抗震设防烈度			
	6 度	7 度	8 度	9 度
70	60	55	45	25

对于装配整体式框架房屋，其建造高度应较现浇式框架适当

降低，需符合表 1.4 的规定，并应根据房屋高度和框架抗震等级
采用相应的节点类别。

表 1.4　　　钢筋混凝土装配整体式框架结构的适用高度及节点类别

结构类型		抗震设防烈度					
		6 度		7 度		8 度	
框架结构	房屋高度（m）	≤20	≤40	≤20	≤35	≤20	≤30
	抗震等级	三	三	三	二	二	二
	节点类别	3	1，2	3	1，2	1，2	1

注　1. 丁类建筑可按抗震设防烈度降低 1 度考虑，但抗震设防烈度为 6 度时不应
　　　降低。
　　2. 当具有充分依据并在设计中采取可靠措施时，表中房屋高度可以适当调整。
　　3. 非抗震设计的房屋高度可参照本表中 6 度的规定。

为了对结构的刚度、整体稳定、承载能力及经济合理性进行
宏观控制，《高规》（JGJ 3—2002）对高层建筑的高宽比进行了
限定。钢筋混凝土框架结构的高宽比 H/B 不宜超过表 1.5 规定
的数值。H 是指室外地坪到建筑物檐口的高度，B 是指建筑物
平面的短方向的有效结构宽度。有效结构宽度一般是指建筑物的
总宽度减去外伸部分的宽度，当建筑物为变宽度时，一般偏于保
守地取较小宽度。当主体结构与裙房相连时，高宽比按裙房以上
建筑的高度和宽度计算。

表 1.5　　　　　钢筋混凝土框架结构的最大适用高宽比

非抗震设计	抗震设防烈度		
	6 度、7 度	8 度	9 度
5	4	3	2

第2章 结构布置与计算简图

第1节 结 构 布 置

1.1 结构体系规则性

对于处于非地震区的多层建筑结构，其结构体系规则性并无特殊要求。对于高层建筑或有抗震设防要求的建筑，其建筑设计不应采用严重不规则的设计方案。建筑及其抗侧力结构的平面布置宜规则、对称，并应具有良好的整体性；建筑的立面和竖向剖面宜规则，结构的侧向刚度宜均匀变化，竖向抗侧力构件的截面尺寸和材料强度宜自下而上逐渐减小，避免抗侧力结构的侧向刚度和承载力出现突变。

1. 平面布置

结构平面布置必须考虑有利于抵抗水平和竖向荷载，受力明确，传力直接，力争均匀对称，减少扭转的影响。在地震作用下，建筑平面要力求简单规则；在风力作用下，则可适当放宽。

《建筑抗震设计规范》（GB 50011—2001）[以下简称为《抗震规范》（GB 50011—2001）]规定的三种平面不规则的类型，如表 2.1 所示。

表 2.1　　　　　　　　各种平面不规则的定义

序号	不规则类型	定　　义
1	扭转不规则	楼层的最大弹性水平位移大于该楼层两端弹性水平位移（或层间位移）平均值的 1.2 倍
2	凹凸不规则	结构平面凹进的一侧尺寸大于相应投影方向总尺寸的 30%

序号	不规则类型	定　义
3	楼板局部不连续	楼板的尺寸和平面刚度急剧变化,例如,有效楼板厚度小于该层楼板典型厚度的50%,或开洞面积大于该层楼面面积的30%,或较大的楼层错层

高层建筑的楼板布设除宜满足表2.1第3项规定外,还应符合以下要求:在扣除凹入或开洞后,楼板在任意方向的最小净宽度不宜小于2m,开洞后每一边的楼板净宽度不应小于2m。当楼板平面比较狭长、有较大的凹入和开洞而使楼板有较大削弱时,楼板可能产生显著的面内变形,将不符合楼板平面内刚度无限大的假定,此时,在设计中不应忽略楼板削弱产生的不利影响(楼板在自身平面内的变形会使刚度较小的抗侧力结构分配到的水平力增大),应对计算结果加以调整,或采用考虑楼板变形的计算方法,并采取相应的加强措施。

此外,结构平面布置应减少扭转的影响。为提高结构的抗扭刚度,《高规》(JGJ 3—2002)规定,在考虑偶然偏心影响的地震作用下,对于楼层竖向构件的最大水平位移和层间位移,A级高度(见表1.3的高度限值)高层建筑不宜大于该楼层平均值的1.2倍,不应大于该楼层平均值的1.5倍;B级高度(对于房屋高度超过A级高度的框架结构,因研究成果和工程经验的不足,未列入B级高度许可范围)高层建筑、混合结构高层建筑及复杂高层建筑(指带转换层的结构、带加强层的结构、错层结构、连体结构和多塔楼结构等)不宜大于该楼层平均值的1.2倍,不应大于该楼层平均值的1.4倍。对于以结构扭转为主的第一自振周期 T_t 与以平动为主的第一自振周期 T_1 之比,A级高度高层建筑不应大于0.9;B级高度高层建筑、混合结构高层建筑及复杂高层建筑不应大于0.85。

对于抗震设计的高层建筑,不宜采用如图2.1所示的角部重叠或细腰形的建筑平面;并且建筑的平面长度 L 和局部突出长

度 l （见图 2.2），不宜大于表 2.2 的限值要求。

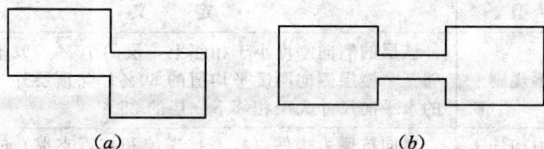

图 2.1　对抗震不利的建筑平面

（a）角部重叠的建筑平面；（b）细腰形的建筑平面

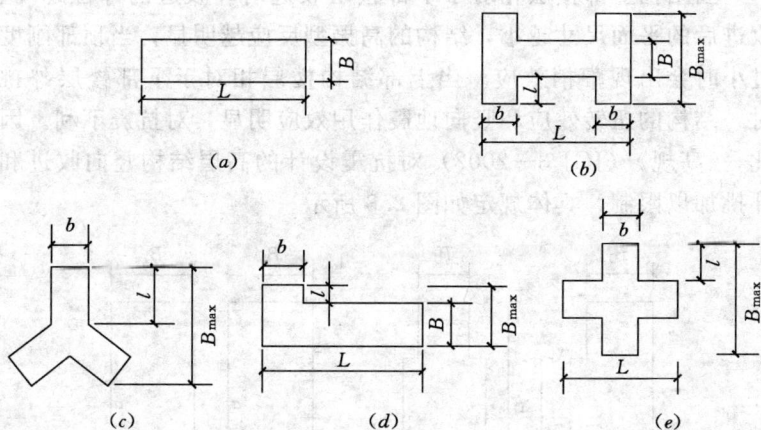

图 2.2　建筑平面尺寸

（a）一字形；（b）工字形；（c）Y 形平面；（d）L 形平面；（e）十字形

表 2.2　　　　　　　　　　**L、l 的 限 值**

抗震设防烈度	L/B	l/B_{max}	l/b
6 度、7 度	6.0	0.35	2.0
8 度、9 度	5.0	0.30	1.5

2. 立面布置

《抗震规范》（GB 50011—2001）规定的竖向不规则的类型如表 2.3 所示。

表 2.3   竖向不规则的类型

不规则类型	定　义
侧向刚度不规则	该层的侧向刚度小于相邻上一层的 70%，或小于其上相邻三个楼层侧向刚度平均值的 80%；除顶层外，局部收进的水平向尺寸大于相邻下一层的 25%
竖向抗侧力构件不连续	竖向抗侧力构件（柱、抗震墙和抗震支撑）的内力由水平转换构件（梁、桁架）向下传递
楼层承载力突变	抗侧力结构的层间受剪承载力小于相邻上一层的 80%

当结构上部楼层相对于下部楼层收进时，收进的部位越高、收进后的平面尺寸越小，结构的高振型反应越明显，当顶部刚度过小时会出现鞭梢效应。当上部结构楼层相对于下部楼层外挑时，结构的扭转效应和竖向地震作用效应明显，对抗震不利。因此，《高规》（JGJ 3—2002）对抗震设计的高层结构竖向收进和外挑加以限制，具体规定如图 2.3 所示。

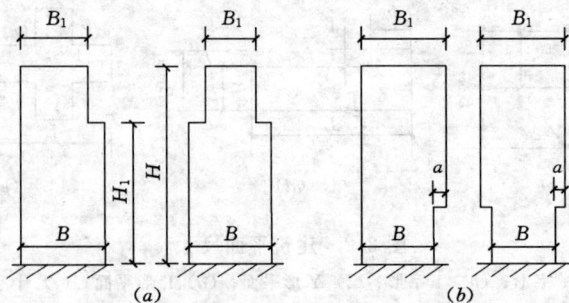

图 2.3　结构竖向收进和外挑示意

(a) 竖向收进（当 $H_1/H > 0.2$ 时，$B_1/B \geqslant 0.75$）；

(b) 竖向外挑　（$B/B_1 \geqslant 0.9$，$a \leqslant 4m$）

1.2　柱网布置

柱网的尺寸和布置应满足建筑平面布置的需要，适应建筑物的功能要求。在办公楼、旅馆等民用建筑中，柱网布置应与分隔墙体的布置相协调。为此，常将柱子设在纵横隔墙的交叉点处。工业厂房中柱网布置还应满足生产工艺的要求。

柱网尺寸与楼（屋）面梁的跨度和屋盖结构布置有直接关系，

对结构合理受力产生影响。当柱网尺寸较大时，楼（屋）面梁的跨度较大，可能导致楼（屋）面板因板跨较大而厚度增加，或者因增加主次梁体系的次梁数量而增加施工的复杂程度。柱网尺寸的设定应使框架受力均匀，所以柱网各跨的跨距应相同或相近。柱网各跨的跨距亦不应太小，一般应避免小于 2.4m；否则往往因仅需按构造要求确定框架构件截面尺寸，会使材料得不到充分利用。

柱网布置时应考虑到结构在竖向荷载作用下的内力分布要尽量均匀合理，各构件材料强度能充分得到利用。如图 2.4 所示的两种结构布置，通过简单的力学分析，可以发现图 2.4（b）所示结构的内力分布要比图 2.4（a）所示结构的内力分布均匀合理。

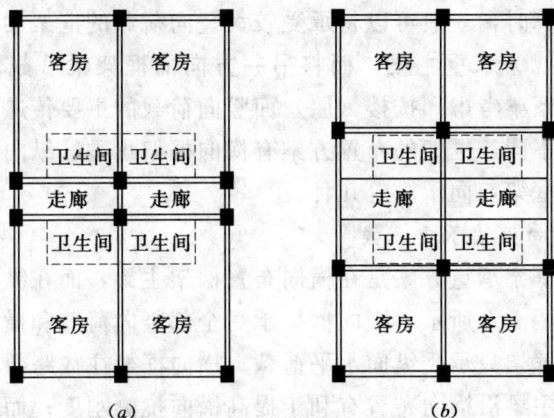

图 2.4　考虑内力分布的柱网优化布置

此外，在布置柱网时还应考虑到施工方便，以缩短工期和降低造价。从技术合理和经济性要求考虑，梁的跨度一般在6～9m之间为宜。

抗震设计的框架结构不宜采用单跨框架。

1.3　承重方案

一般情况下，框架结构中的柱在两个方向均有梁拉结。也就是说，梁是沿房屋纵横向双向布置的，因而框架结构实际上是一个空间受力体系。从理论上讲，精确的分析计算应按空间结构进行。但在手算（或初步估算）时，为了简化计算，往往根据框架的具体特点忽略这种空间作用，将框架结构拆解为纵横双向布置的平面框架近似地进行分析计算。沿建筑物长向布置的平面框架称为纵向框架，沿建筑物短向布置的平面框架则称为横向框架。

建筑物所受到的各种作用，通过各种结构构件按其布置方式以相应的途径传到框架结构上。水平作用按其不同作用方向分别由纵向框架和横向框架承受。楼（屋）面的竖向荷载按照不同的楼盖结构布置方式以不同的途径传递到框架上，对于现浇楼盖，竖向荷载向距离较近的次梁或框架梁传递；对于预制板楼盖，则传递到搁置预制板的梁上。

在手算时，一般可以将承受较大竖向荷载的框架梁（截面相对较大）视为承重主梁；而将另一方向的框架梁（截面相对较小）按连系梁考虑。按楼（屋）面竖向荷载的主要传递方向和楼盖设置的不同，框架的布置方案有横向框架承重、纵向框架承重和纵横向框架双向承重等几种。

1. 横向框架承重方案

横向框架承重方案是在横向布置框架主梁，而在纵向布置连系梁，如图 2.5 所示。横向框架承受全部竖向荷载和横向水平荷载，纵向框架只承受纵向水平荷载。横向框架往往跨数较少，截面较大的主梁沿横向布置有利于提高横向抗侧刚度；而纵向框架则往往跨数较多，所以在纵向仅需按构造要求布置连系梁。这也有利于房屋室内的采光与通风等建筑要求。

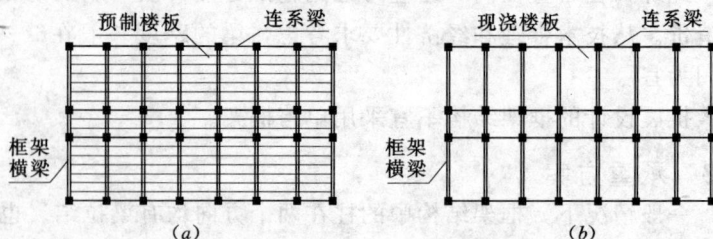

图 2.5 横向框架承重方案
(a) 预制楼板；(b) 现浇楼板

2. 纵向框架承重方案

纵向框架承重方案在纵向上布置框架主梁，在横向上布置连系梁，如图 2.6 所示。纵向框架为主框架，承受全部竖向荷载和纵向水平荷载，横向框架只承受横向水平荷载。因为楼面荷载由纵向梁传至柱子，所以横梁高度较小，有利于设备管线的穿行：当在房屋开间方向需要较大开间时，可获得较高的室内净高。

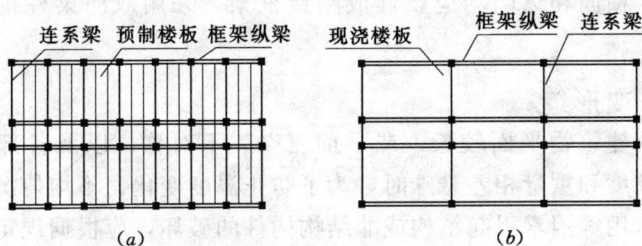

图 2.6　纵向框架承重方案
(a) 预制楼板；(b) 现浇楼板

此外，当地基土的物理力学性能在房屋纵向有明显差异时，可以利用纵向框架的刚度来调节房屋的不均匀沉降。纵向框架承重方案的缺点是房屋的横向刚度较差。

3. 纵横向框架双向承重方案

纵横向框架双向承重方案是在两个方向上均需布置承重主梁以承受楼面荷载。当采用预制板楼盖时，其布置如图 2.7 (a) 所示；当采用现浇板楼盖时，其布置如图 2.7 (b) 所示。

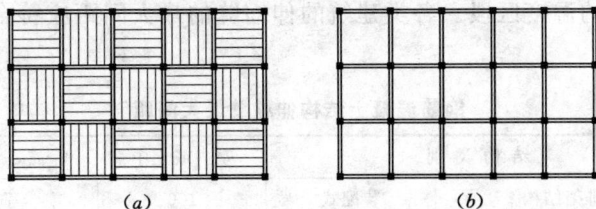

图 2.7　纵横向框架双向承重方案
(a) 预制板；(b) 现浇板

采用这种承重方案，两个方向的框架均同时承受竖向荷载和水平荷载。当楼面上作用有较大荷载，或者当柱网布置为正方形或接近正方形时，常采用这种承重方案，楼面常采用现浇双向楼板或井式梁楼面。纵横向框架双向承重方案具有较好的整体工作性能，框架柱均为双向偏心受压构件，为空间受力体系。

对于抗震设防的框架结构，或非地震区层数较多的房屋框架结构，横向和纵向均应设计成刚接框架，采用双向梁柱抗侧力体系。

1.4 变形缝

当建筑物平面较长，或平面复杂、不对称，以及各部分刚度、高度和重量相差悬殊时，为了防止温度变化、不均匀沉降和地震作用等因素引起结构或非结构构件的破坏，应根据规定设置变形缝。变形缝有伸缩缝、沉降缝和防震缝三种。

1. 伸缩缝

新浇混凝土在凝结过程中会收缩，已建成的结构受热要膨胀，受冷则收缩，当上述变形受到约束时，就会在结构内部产生应力。混凝土的凝结收缩大部分将在施工后的前 1～2 个月完成，而温度变化对结构的作用则是经常的。这种由温度变化引起的结构内力称为温度应力，它在房屋的长度方向和高度方向都会产生影响。

当房屋平面尺寸过大时，为避免温度和混凝土收缩使房屋产生裂缝，必须改置伸缩缝，将上部结构从顶到基础顶面断开，分成独立的温度区段。各类建筑的伸缩缝的最大间距应符合表 2.4 的要求。

表 2.4   **钢筋混凝土结构伸缩缝最大间距**   单位：m

结 构 类 别		室内或土中	露 天
排架结构	装配式	100	70
框架结构	装配式	75	50
	现浇式	55	35

续表

结 构 类 别		室内或土中	露　天
剪力墙结构	装配式	65	40
	现浇式	45	30
挡土墙、地下室墙壁等类结构	装配式	40	30
	现浇式	30	20

注　1. 装配整体式结构房屋的伸缩缝间距宜按表中现浇式的数值取用。

2. 框架-剪力墙结构或框架-核心筒结构房屋的伸缩缝间距，可根据结构的具体布置情况取表中框架结构与剪力墙结构之间的数值。

3. 当屋面无保温或隔热措施时，宜按表中露天栏取用。

4. 现浇挑檐、雨罩等外露结构的伸缩缝间距不宜大于 12m。

然而，伸缩缝的设置会造成多用材料、构造复杂和施工困难等问题。近年来，国内外已比较普遍地采取了不设伸缩缝而从施工或构造处理的角度来解决收缩应力问题的方法，目前最大的不设缝间距已超过 100m，例如北京昆仑饭店（30 层剪力墙结构）长度达 114m，北京京伦饭店（12 层剪力墙结构）长度达 138m，均未设置伸缩缝。

若在较长的区段上不设温度伸缩缝，要采取以下构造措施和施工措施：

（1）设后浇带。混凝土早期收缩占总收缩的大部分，建筑物过长时，可在适当距离选择对结构无严重影响的位置设后浇带，通常每隔 30～40m 设置一道。后浇带保留时间一般不少于 1 个月，在此期间，收缩变形可完成 30%～40%。后浇带的浇筑时间宜选择气温较底时，因为此时主体混凝土处于收缩状态。后浇带的宽度一般为 800～1000mm，带内钢筋采用搭接或直通加弯的做法。这样，后浇带两边的混凝土在浇灌以前能自由收缩。在受力较大部位留后浇带时，主筋可先搭接，浇灌前再进行焊接。后浇带混凝土宜用微膨胀水泥配制。正确使用这种方法，一般能取得消除混凝土收缩裂缝的较好效果，是一种较常用的方法。常用的后浇带构造如图 2.8 所示。

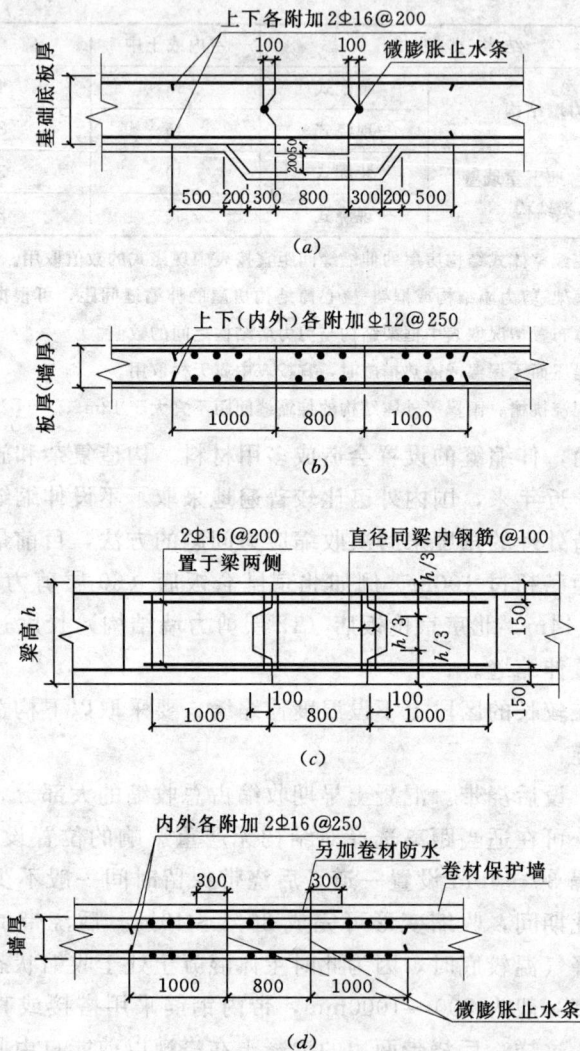

图 2.8　常用后浇带构造

(a) 基础底板后浇带；(b) 楼板、混凝土墙后浇带；

(c) 梁后浇带；(d) 地下室混凝土外墙后浇带

（2）局部设伸缩缝。由于结构顶部及底部受的温度应力较大，因此在高层建筑中可采取在上面或下面几层局部设缝的办法（约 1/4 全高）。

（3）从布置及构造方面采取措施减少温度应力的影响。由于屋顶受温度影响较大，通常应采取有效的保温隔热措施，例如，可采取双层屋顶的做法，或者不使屋顶连成整片大面积平面，而做成高低错落的屋顶。当外墙为现浇混凝土墙体时，也要注意保温隔热措施。

（4）在结构中，对温度应力比较敏感的部位应适当加强配筋，如预应力钢筋，以抵消温度应力，防止出现温度裂缝。

2. 沉降缝

沉降缝的设置主要是为了防止地基不均匀沉降所造成的房屋破坏。一般情况下，多层建筑不同的结构单元高度相差不大，除非地基情况差别较大，一般不设沉降缝。而在高层建筑中，常在主体结构周围设置 1～3 层高的裙房，它们与主体结构高度悬殊，重量悬殊，会产生相当大的沉降差。通常需采用设置沉降缝的方法将结构从顶到基础整个断开，使各部分自由沉降，以避免由沉降差引起的附加应力对结构的危害。

一般情况下，沉降缝通常设置在以下部位：

（1）建筑平面的转折部位。

（2）高度（荷载）差异处。

（3）长高比过大的框架结构的适当部位。

（4）地基土的压缩性有显著差异处。

（5）结构或基础类型不同处。

（6）分期建造房屋的交界处。

设置的沉降缝应具有足够的宽度，具体要求如表 2.5 所示。

然而，沉降缝的设置

表 2.5　　沉降缝宽度　　单位：mm

序号	房屋层数	沉降缝宽度
1	2～3	50～80
2	4～5	80～120
3	5 层以上	不小于 120

会使建筑的地下室构造复杂，沉降缝部位的防水处理也不容易做好，因此，在目前的一些建筑中经常不设沉降缝，而将高低部分的结构连成整体，通过采取以下相应措施来减少沉降差：

（1）利用压缩性小的地基，减小总沉降量及沉降差。当土质较好时，可加大埋深，利用天然地基，以减少沉降量。当地基不好时，可以用桩基将重量传到压缩性小的土层中以减少沉降差。

（2）高低部分的结构及基础设计成整体，但在施工时将它们暂时断开，待主体结构施工完毕，已完成大部分沉降量（50%以上）以后再浇灌连接部分的混凝土，将高低层连成整体。这种缝称为后浇施工缝。在设计时，基础应考虑两个阶段不同的受力状态，分别进行强度校核。连成整体后的计算应当考虑后期沉降差引起的附加内力。这种做法要求地基土较好，房屋的沉降能在施工期间内基本完成。

（3）将裙房做在悬挑基础上，这样裙房与高层部分沉降一致，不必用沉降缝分开。这种方法适用于地基土软弱、后期沉降较大的情况。由于悬挑部分不能太长，因此裙房的范围不宜过大。

3. 防震缝

抗震设计时，宜调整平面形状和结构布置，避免结构不规则，尽量不设防震缝。因为在地震作用时，由于结构开裂、局部损坏和进入弹塑性变形，其水平位移比弹性状态下增大很多。因此，在缝的两侧很容易发生碰撞。唐山地震中，曾调查了 35 栋高层建筑的震害，京津唐地区设防震缝（缝宽为 50~150mm）的高层建筑，除北京饭店东楼（18 层框架-剪力墙结构，缝宽 600mm）外，均发生程度不等的碰撞。轻者外装修、女儿墙和檐口损坏，面砖剥落；重者主体结构（主要是顶层结构）发生破坏。在 1985 年墨西哥城地震中，由于碰撞而使顶层破坏的震害也相当多。

如果结构平面或竖向布置不规则且不能调整时，例如以下情况：①平面长度和外伸长度尺寸超出了规程限值而又没有采取加强措施；②各部分结构刚度相差很远，采取不同材料和不同结构体系；③各部分质量相差很大；④各部分有较大错层，则宜设置防震缝将其划分为较简单的几个结构单元。

防震缝应根据抗震设防烈度、结构材料种类、结构类型、结构单元的高度和高差情况，留有足够的宽度，其两侧的上部结构应完全分开。防震缝的宽度，一般不宜小于两侧房屋在较低房屋屋盖高度处的垂直于防震缝方向的侧移之和。一般情况下，钢筋混凝土结构房屋的防震缝最小宽度，应符合《抗震规范》（GB 50011—2001）所作的以下规定：

（1）框架结构房屋的防震缝宽度，当高度不超过 15m 时可采用 70mm；超过 15m 时，若抗震设防烈度为 6 度、7 度、8 度、和 9 度，相应每增加高度 5m、4m、3m 和 2m，宜加宽 20mm。

（2）框架-抗震墙结构房屋的防震缝宽度可采用第（1）项规定数值的 70%，抗震墙结构房屋的防震缝宽度可采用第（1）项规定数值的 50%；且均不宜小于 70mm。

（3）防震缝两侧结构类型不同时，宜按需要较宽防震缝的结构类型和较低房屋高度确定缝宽。

此外，当抗震设防烈度为 8 度、9 度的框架结构房屋的防震缝两侧结构高度、刚度或层高相差较大时，可在缝两侧房屋的尽端沿全高设置垂直于防震缝的抗撞墙，以减少防震缝两侧碰撞引起的破坏，如图 2.9 所示。每一侧抗撞墙的数量不应少于两道，宜分别对称布置，墙肢长度可不大于一个柱距，框架和抗撞墙的内力应按设置和不设置抗撞墙两种情况分别进行分析，并按不利情况取值。对于防震缝两侧抗撞墙的端柱和框架的边柱，箍筋应沿房屋全高加密。

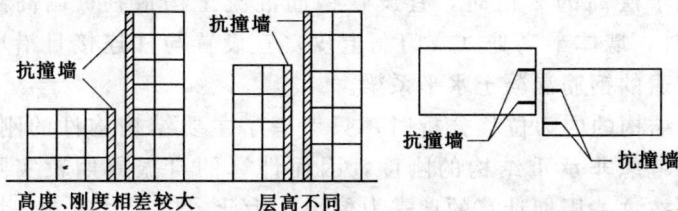

图 2.9　抗撞墙示意图

对采用隔震设计的建筑结构，隔震层以上的上部结构，其周边应设置防震缝，缝宽不小于各隔震支座在罕遇地震下的最大水平位移值的 1.2 倍。

对于抗震设防烈度为 6 度及以上地区的房屋，所有的伸缩缝和沉降缝，均应符合防震缝的要求。

1.5 填充墙

在框架结构中，因功能要求还需要设置非承重填充（隔）墙。由于填充墙是由建筑专业布置，并表示在建筑图上，在结构专业的施工图上并不表示，容易被忽略。隔墙一般常采用砌体填充墙或轻质隔墙。

框架结构的填充墙及隔墙宜选用轻质隔墙。抗震设计时，框架结构如采用砌体填充墙，其布置应符合下列要求：①避免形成上下层刚度变化过大；②避免形成短柱；③减少因抗侧刚度偏心所造成的扭转。

抗震设计时，砌体填充墙尚应具有自身稳定性，宜与柱脱开或采用柔性连接，并应符合以下要求：

（1）砌体的砂浆强度等级不应低于 M5，墙顶应与框架梁与楼板密切结合。

（2）砌体填充墙应沿框架柱全高每隔 500mm 左右设置 2 根直径 6mm 的拉筋。对于拉筋伸入墙内的长度，当抗震设防烈度为 6 度、7 度时，不应小于墙长的 1/5 且不应小于 700mm；抗震设防烈度为 8 度、9 度时，宜沿墙全长贯通。

（3）墙长大于 5m 时，墙顶与梁（板）宜有钢筋拉结；墙长大于层高的 2 倍时，宜设置钢筋混凝土构造柱；墙高超过4m 时，墙体半高处（或门洞上皮）宜设置与柱连接且沿墙全长贯通的钢筋混凝土水平系梁。

结构的内力位移分析时，只考虑了主要结构构件的刚度，没有考虑非承重结构的刚度，因而计算的自振周期较实际的长，按这一周期计算的地震力偏小。为此，设计时应考虑填充墙对框架的抗侧刚度的提高，应对计算的结构基本周期进行适当折减。当非承重墙体为填充砖墙时，框架结构的计算周期的折减系数 Φ_T 可取 0.6～0.7；砌体填充墙较少或采用轻质砌块时，该系数可取 0.7～0.8；完全采用轻质墙体板材时，该系数可取 0.9。如有可靠经验资料，可根据工程实际情况确定周期折减系数。

第 2 节　计 算 简 图

2.1　计算单元

　　框架结构是一个空间受力体系（见图 2.10），整个结构在纵向、横向协同工作，共同承受外荷载作用。在用计算机软件进行分析时，框架结构的内力和侧移计算应采用三维空间结构的计算简图。当使用近似计算方法尤其是手算方法时，就需要对结构进行合理简化。通常在近似计算时，可以假定各榀框架在自身平面内刚度很大，而平面外刚度则很小。这样就可以将空间框架结构近似拆解为纵向框架和横向框架，分别按平面框架进行分析和计算，如图 2.10 所示。

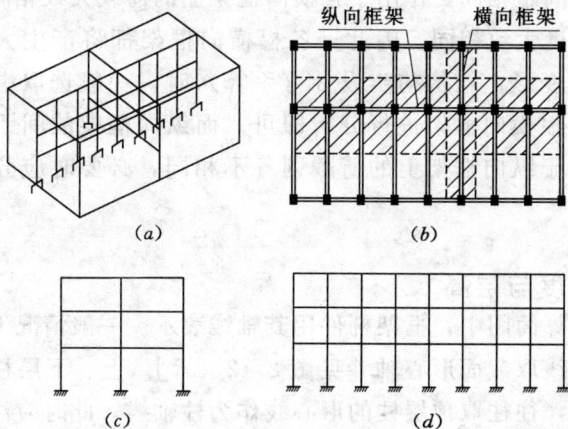

纵向框架　横向框架

（a）　　　　　　　　（b）

（c）　　　　　　　　（d）

图 2.10　框架结构的平面简化

在竖向荷载作用下，框架结构侧移很小，可忽略各榀框架之间的相互作用，认为楼面内的竖向荷载由两侧的两榀承重框架分别承担 50%。当采用横向框架承重方案时，截取的横向框架 [见图 2.10 (c)] 应承受图 2.10 (b) 中横向阴影范围内的全部竖向荷载，而纵向框架不承受竖向荷载；当采用纵向框架承重方案，在进行纵向框架计算时，纵向阴影范围内的全部竖向荷载由纵向框架 [见图 2.10 (d)] 承受，横向框架不承担竖向荷载；当采用纵横向框架双向承重方案时，应根据竖向荷载的实际传递途径，由纵横向框架共同承担，例如对于现浇双向板楼盖，其竖向荷载的传递途径如图 2.11 所示。

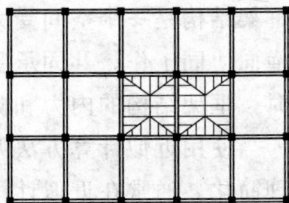

图 2.11 纵横向双向承重框架
竖向荷载传递（现浇楼盖）

在水平荷载作用下，根据假定横向框架只能承受横向水平荷载，而与其垂直的纵向水平荷载应由纵向框架承受。

在分析图 2.10 所示较为规则的框架结构时，由于通常横向框架的间距相同，作用于各横向框架上的荷载大致相同，框架的抗侧刚度大致相同。因此，各榀横向框架都将产生大致相同的内力与变形，结构初步设计（手算）时，一般选取中间有代表性的一榀横向框架进行分析即可；而纵向框架的间距一般不等，作用于纵向框架上的荷载则各不相同，必要时应分别进行计算。

2.2 跨度与层高

在计算简图中，框架杆件用其轴线表示。一般情况下，等截面柱的轴线取截面形心轴 [见图 2.12 (a)]。上、下层柱截面尺寸不同时，往往取顶层柱的形心线作为柱轴线，此时应注意按此计算简图算出的内力是计算简图轴线上的内力，对下层柱而言，此轴线不一定是柱截面的形心轴，进行构件截面设计时，应将算得的内力转化为截面形心轴处的内力 [见图 2.12 (*b*)]。

框架跨度取柱轴线间的距离，层高取柱高，即为各层梁顶面之间的结构标高差。对底层柱则取基础顶面到二层梁顶面间的高度，如图 2.13 所示。对于倾斜的或折线形横梁，当其坡度小于 1/8 时，可简化为水平直杆。对于不等跨框架，当各跨跨度相差不大于 10% 时，可简化为等跨框架，简化后的跨度取原框架各跨跨度的平均值。

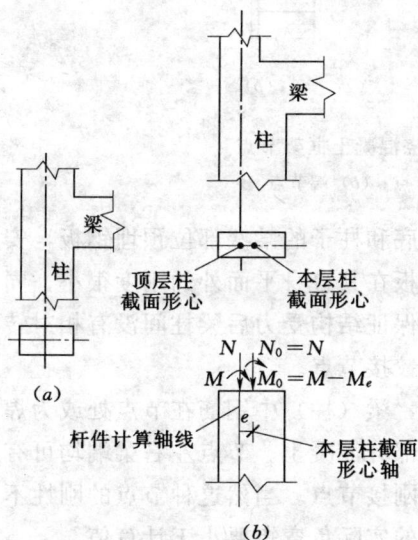

图 2.12　框架柱轴线位置　　　　图 2.13　框架柱计算高度

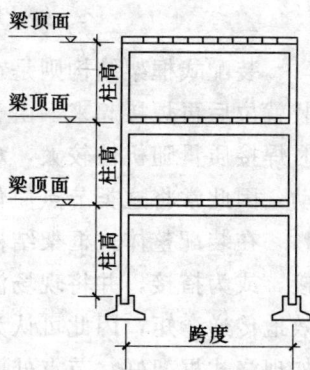

2.3　节点简化

框架节点处的约束较为复杂，梁柱节点的试验结果表明，节点弯矩和节点相对转角的关系既非完全刚接，也非完全铰接。也就是说，所有的梁柱节点都具有一定程度（属于 0~∞ 区间）的刚性，不存在理想的刚接节点和铰接节点。在结构计算中，一般要根据其传力效果、施工方案和构造措施，简化为刚接节点和铰接节点处理。

在现浇钢筋混凝土结构中，梁和柱内的纵向受力钢筋都将穿过节点或锚入节点区，如图 2.14 所示，这时应简化为刚接节点。

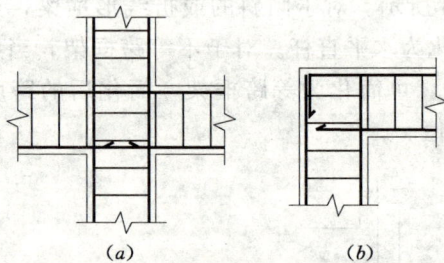

图 2.14 现浇混凝土框架节点

(*a*) 中间节点；(*b*) 端节点

装配式框架结构则是在梁底和柱子的某些部位预埋钢板，安装就位后再焊接起来，由于钢板在其自身平面外的刚度很小，同时焊接质量随机性较大，难以保证结构受力后梁柱间没有相对转动，因此常将这类节点简化成铰接节点。

在装配整体式框架结构中，梁（柱）中钢筋在节点处或为焊接，或为搭接，并将现场浇筑部分混凝土。节点左右梁端均可有效地传递弯矩，因此可认为是刚接节点。当然这种节点的刚性不如现浇式框架好，节点处梁端的实际负弯矩要小于计算值。

框架支座可分为固定支座和铰支座。当为现浇钢筋混凝土时，一般设计成固定支座 ［见图 2.15 (*a*)］；当为预制柱杯形基础时，则应视构造措施不同分别简化为固定支座 ［见图 2.15 (*b*)］ 和铰支座 ［见图 2.15 (*c*)］。

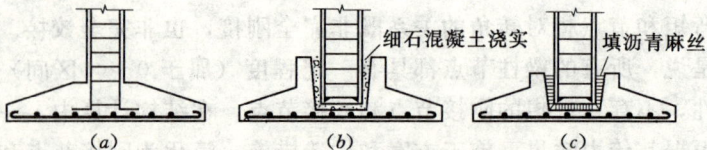

图 2.15 基础支座形式

2.4　截面尺寸估算

1. 框架梁截面的初步估算

在设计多高层框架结构时，需要根据梁的强度和刚度要求来初选截面大小。框架主梁的截面高度 h_b 通常由梁的跨度、支承条件和活荷载大小按下式确定：

$$h_b = \left(\frac{1}{18} \sim \frac{1}{10}\right)l_b \tag{2.1}$$

$$400 \leqslant h_b \leqslant \frac{l_n}{4} \tag{2.2}$$

式中：l_b 为主梁的计算跨度；l_n 为主梁的净跨。

梁截面宽度 b_b 可取：

$$b_b = \left(\frac{1}{3} \sim \frac{1}{2}\right)h_b \tag{2.3}$$

梁截面宽度还不宜小于柱宽的 $1/2$，且不宜小于 200mm，截面高宽比不宜大于 4。

$1/18 \sim 1/10$ 的高跨比，是多年来总结出的经验数据，当确有可靠依据，且工程上有需要时，梁的高跨比也可小于 $1/18$。国外规范规定的框架梁高跨比，取值则更为宽松。例如，按照美国 ACI 318—99 所确定的梁的最小高跨比，如表 2.6 所示；按照新西兰 DZ 3101—94 所确定的梁的最小高跨比，如表 2.7 所示。

表 2.6　按照美国 ACI 318—99 所确定的梁的最小高跨比

梁主筋屈服强度 f_y（MPa）	支承条件（不支承于或不接触易受大挠度损坏的隔墙或其他构造物）			
	简支	一端连续	两端连续	悬臂
300	1/19.3	1/22.3	1/25.3	1/9.7
335 （HRB335）	1/18.2	1/21.1	1/23.9	1/9.1
400 （HRB400）	1/16.5	1/19.0	1/21.6	1/8.2
420	1/16	1/18.5	1/21	1/8

表 2.7　按照新西兰 DZ 3101—94 所确定的梁的最小高跨比

梁主筋屈服强度 f_y（MPa）	支承条件（不支承于或不接触易受大挠度损坏的隔墙或其他构造物）			
	简支	一端连续	两端连续	悬臂
300	1/20.5	1/22.9	1/26.6	1/9.7
335（HRB335）	1/19.3	1/21.6	1/25.0	1/9.1
400（HRB400）	1/17.5	1/19.6	1/22.6	1/8.2
430	1/17	1/19	1/22	1/8

有时为了降低楼层高度，或便于通风管道等通行，必要时可设计成宽度较大的扁梁，此时应根据荷载及跨度情况满足梁的挠度限值，扁梁截面高度可取：

$$h = \left(\frac{1}{22} \sim \frac{1}{16}\right)l_b \qquad (2.4)$$

框架扁梁的截面宽高比不宜大于 3。扁梁结构的楼板应现浇，梁中心线宜与柱中心线重合，扁梁应双向布置，且不宜用于一级抗震等级的框架结构。当按抗震设计时，扁梁截面应满足：

$$b \leqslant \min\{b_c + h, 2b_c\} \qquad (2.5)$$

$$h \geqslant 16d \qquad (2.6)$$

式中：d 为柱纵向钢筋直径；b_c 为柱截面宽度。

现浇框架梁的混凝土等级不应低于 C20，并且不宜高于 C40，当抗震等级为一级时，不应低于 C30。

2. 框架柱截面的初步估算

框架柱在结构中不仅要承担全部的竖向荷载，而且要承担全部的水平荷载。在初步（方案）设计阶段，框架柱截面估算的正确程度将会影响到施工图设计时的工作量大小。根据工程经验和柱的计算要求，框架柱截面可用下述方法进行估算。

钢筋混凝土框架柱一般多采用矩形截面，初选的截面尺寸可参考同类建筑取用，也可以根据柱支承的楼层面积计算柱中的轴力设计值 N，按照下列公式估算柱截面面积 A_c，然后再确定柱截面边长。

非抗震设计时：

$$A_c \geqslant \frac{\beta_M N}{f_c} \qquad (2.7)$$

式中：f_c 为混凝土轴心抗压强度设计值，现浇框架柱的混凝土强度等级不得低于 C20，当抗震等级为一级时，混凝土强度等级不得低于 C30，抗震设防烈度为 8 度时，混凝土强度等级不宜高于 C70，抗震设防烈度为 9 度时，混凝土强度等级不宜高于 C60；β_M 为考虑弯矩的不利影响的增大系数，一般可以取为 1.05～1.2。

抗震设计时，应考虑轴压比限值，即

$$A_c \geqslant \frac{\zeta N}{\mu_N f_c} \qquad (2.8)$$

式中：ζ 为抗震设计的轴力增大系数，框架结构外柱取 1.3，不等跨内柱取 1.25，等跨内柱取 1.2；μ_N 为轴压比限值，抗震等级为一级时取 0.7，抗震等级为二级时取 0.8，抗震等级为三级时取 0.9，抗震等级为四级时取 1.0，具体详见本书第 6 章表 6.32。

柱中的轴力设计值 N，可以采用简化方法进行估算，即根据隔墙的数量，取每层楼层重量 G 为 12～14kN/m² ，乘以荷载分项系数 1.25（按照恒荷载占 75%，活荷载占 25% 计算），再按照柱所分担的楼层面积进行计算，则得到轴力设计值 N。

已知柱截面面积，可以根据下式来确定柱截面边长：

$$b_c = \left(\frac{1}{1.5} \sim 1 \right) h_c \qquad (2.9)$$

式中：b_c 为柱截面宽度；h_c 为柱截面高度。

此外，柱截面尺寸在非抗震设计时不宜小于 250mm，抗震设计时不宜小于 300mm，圆形柱直径不宜小于 350mm；柱截面高宽比不宜大于 3。

2.5 楼面梁的计算刚度

在计算框架梁截面惯性矩 I 时，应考虑到楼板对梁截面刚度提高的影响。可以将梁截面附近一定范围内的板带与框架梁综合考虑，近似视作 T 形（或倒 L 形）截面梁。在框架节点附近，梁受负弯矩，顶部的楼板受拉，即 T 形梁上翼缘受拉，楼板对梁的截面抗弯刚度影响较小；而在框架梁的跨中，梁受正弯矩，楼板处于受压区，即 T 形梁上翼缘受压，楼板对梁的截面抗弯刚度影响较大。在进行框架整体分析、计算框架梁的截面惯性矩时，为简便起见，仍假定梁的截面惯性矩 I 沿梁轴线不变。

在结构内力与位移计算中，现浇楼面和装配整体式楼面中，框架梁的刚度可考虑楼板的翼缘作用予以相应增大。通常，对于全现浇钢筋混凝土框架 [见图 2.16 (a)]，中梁刚度增大系数 B_k 一般取为 2.0，即取中间框架梁 $I = 2.0I_0$，边框架梁 $I = \dfrac{1 + B_k}{2}I_0$ = 1.5I_0；对钢筋混凝土装配整体式框架 [见图 2.16 (b)]，由于梁与板之间通过后浇叠合层混凝土连成整体，板对梁的刚度有一定提高，可取中间框架梁 $I = 1.5I_0$，边框架梁 $I = 1.2I_0$；对采用预制板的装配式楼盖 [见图 2.16 (c)]，由于预制板与现浇框架梁之间无整体连接，故不考虑板对梁刚度的影响，取 $I = I_0$。这里的 I_0 为框架梁刚度调整前的原始截面惯性矩。

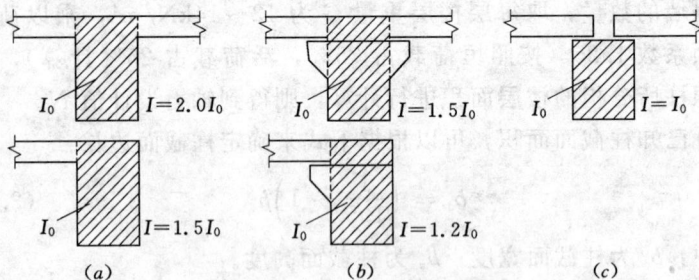

图 2.16　框架梁的刚度取值

(a) 现浇整体式梁板结构；(b) 装配整体式梁板结构；(c) 装配式梁板结构

需要引起注意的是，中梁刚度增大系数对结构中所有框架梁都起作用，因而它的取值对于结构分析和梁柱配筋都有较大影响。当框架梁截面较大而楼板较薄时，B_k 仍取 2 则会高估了楼板的翼缘约束作用，导致计算的结构刚度偏大，结构周期偏小，位移偏小，梁的配筋偏大，柱配筋偏小，这一点在结构设计时应予以特别关注。

因而针对各种不同的具体情况，对于现浇框架结构，框架梁的刚度增大系数应根据梁翼缘尺寸与梁截面尺寸的比例来确定，中间框架梁刚度增大系数 B_k 可根据翼缘情况取为 $1.6 \sim 2.0$，边框架梁的刚度增大系数可取为 $(B_k + 1)/2$，这样结构中所有框架梁的刚度增大系数都介于规范建议的 $1.3 \sim 2.0$ 之间。

第3章 荷载分析

第1节 荷载计算

作用于框架结构上的荷载有竖向荷载和水平荷载两种。竖向荷载包括竖向永久荷载、楼面与屋面活荷载及屋面雪荷载，它们一般为分布荷载，有时也表现为集中荷载。水平荷载包括风荷载和水平地震作用，一般均简化为节点水平集中力。对于地震作用应注意以下两点：

（1）地震作用是由于地震地面运动所引起的结构的动态作用，属于间接作用，严格讲并不属于荷载范畴。这里为了说明方便将荷载的概念予以扩大，包括一般意义上的荷载和地震作用。

（2）对于抗震设防烈度为8度、9度时的大跨度和长悬臂结构及抗震设防烈度为9度时的高层建筑，其竖向荷载计算还应包括竖向地震作用。

1.1 竖向永久荷载

竖向永久荷载（恒荷载），即整个建筑结构构件和非结构构件的自重，应结合建筑结构布置方案，按结构构件的设计尺寸与材料单位体积的自重进行计算确定。常用材料和构件的自重可以查阅本书附录A取用。

1.2 楼面与屋面活荷载

1. 民用建筑楼面均布活荷载

多层住宅、办公楼和旅馆等民用建筑的楼面均布活荷载可以查表3.1。

表 3.1　**民用建筑楼面均布活荷载标准值及其组合值系数、**

频遇值系数和准永久值系数

项次	类　别			标准值 (kN/m²)	组合值 系数 ψ_c	频遇值 系数 ψ_f	准永久值 系数 ψ_q
1	（1）住宅、宿舍、旅馆、办公楼、医院病房、托儿所和幼儿园			2.0	0.7	0.5	0.4
	（2）教室、实验室、阅览室、会议室和医院门诊室					0.6	0.5
2	食堂、餐厅及一般资料档案室			2.5	0.7	0.6	0.5
3	（1）礼堂、剧场、影院及有固定座位的看台			3.0	0.7	0.5	0.3
	（2）公共洗衣房			3.0	0.7	0.5	0.5
4	（1）商店、展览厅、车站、港口、机场大厅及其旅客等候室			3.5	0.7	0.6	0.5
	（2）无固定座位的看台			3.5	0.7	0.5	0.3
5	（1）健身房、演出舞台			4.0	0.7	0.6	0.5
	（2）舞厅			4.0	0.7	0.6	0.3
6	（1）书库、档案库和储藏室			5.0	0.9	0.9	0.8
	（2）密集柜书库			12.0			
7	通风机房、电梯机房			7.0	0.9	0.9	0.8
8	汽车通道及停车库	（1）单向板楼盖（板跨不小于 2m）	客车	4.0	0.7	0.7	0.6
			消防车	35.0	0.7	0.7	0.6
		（2）双向板楼盖和无梁楼盖（柱网尺寸不小于 6m×6m）	客车	2.5	0.7	0.7	0.6
			消防车	20.0	0.7	0.7	0.6
9	厨房	（1）一般的		2.0	0.7	0.6	0.5
		（2）餐厅的		4.0	0.7	0.7	0.7
10	浴室、厕所和盥洗室	（1）第 1 项中的民用建筑		2.0	0.7	0.5	0.4
		（2）其他民用建筑		2.5	0.7	0.6	0.5

项次	类 别		标准值 (kN/m²)	组合值 系数 ψ_c	频遇值 系数 ψ_f	准永久值 系数 ψ_q
11	走廊、门厅和楼梯	（1）宿舍、旅馆、医院病房、托儿所、幼儿园和住宅	2.0	0.7	0.5	0.4
		（2）办公楼、教室、餐厅和医院门诊部	2.5	0.7	0.6	0.5
		（3）消防疏散楼梯、其他民用建筑	3.5	0.7	0.5	0.3
12	阳台	（1）一般情况	2.5	0.7	0.6	0.5
		（2）当人群有可能密集时	3.5			

注 1. 本表所给各项活荷载适用于一般使用条件，当使用荷载较大或情况特殊时，应按实际情况取用。

2. 当书架高度大于 2m 时，第 6 项书库的活荷载尚应按每 1m 书架高度不小于 2.5kN/m² 确定。

3. 第 8 项中的客车活荷载只适用于停放载人少于 9 人的客车；消防车活荷载适用于满载总重为 300kN 的大型车辆；当不符合本表的要求时，应将车轮的局部荷载按结构效应的等效原则换算为等效均布荷载。

4. 第 11 项楼梯活荷载，对预制楼梯踏步平板，尚应按 1.5kN 集中荷载验算。

5. 本表各项荷载不包括隔墙自重和二次装修荷载。对固定隔墙的自重应按恒荷载考虑，当隔墙位置可灵活自由布置时，非固定隔墙的自重应取每延米长墙重（kN/m）的 1/3 作为楼面活荷载的附加值（kN/m²）计入，附加值不小于 1.0kN/m²。

作用在楼面上的活荷载，不可能以标准值的大小同时布满在所有的楼面上，因此，在设计梁、墙、柱和基础时，还要考虑实际荷载沿楼面分布变异的情况。《建筑结构荷载规范》（GB 50009—2001）[以下简称为《荷载规范》（GB 50009—2001）] 规定，设计楼面梁、墙、柱和基础时，表 3.1 中的楼面活荷载标准值应按表 3.2 中各类情况分别乘以相应的折减系数。

表 3.2   **活 荷 载 折 减 系 数**

设计内容	项次	折 减 系 数
楼面梁	①	表 3.1 中第 1（1）项，当楼面梁从属面积超过 25m² 时，应取 0.9
	②	表 3.1 中第 1（2）～7 项，当楼面梁从属面积超过 50m² 时，应取 0.9

续表

设计内容	项次	折 减 系 数
楼面梁	③	表 3.1 中第 8 项，对单向板楼盖的次梁和槽形板的纵肋应取 0.8，对单向板楼盖的主梁应取 0.6；对双向板楼盖的梁应取 0.8
	④	表 3.1 中第 9～12 项，应采用与所属房屋类别相同的折减系数
墙、柱和基础	①	表 3.1 中第 1 (1) 项，应按表 3.3 的规定取用
	②	表 3.1 中第 1 (2)～7 项，应采用与其楼面梁相同的折减系数
	③	表 3.1 中第 8 项，对单向楼板取 0.5，对双向楼板或无梁楼盖应取 0.8
	④	表 3.1 中第 9～12 项，应采用与所属房屋类别相同的折减系数

注 楼面梁的从属面积应按梁两侧各延伸 1/2 梁间距的范围内的实际面积确定。

表 3.3 **活荷载按楼层的折减系数**

墙、柱和基础计算截面以上的层数	1	2～3	4～5	6～8	9～20	>20
计算截面以上各楼层活荷载总和的折减系数	1.00 (0.90)	0.85	0.70	0.65	0.60	0.55

注 当楼面梁的从属面积超过 25m² 时，应采用括号内的折减系数。

2. 民用建筑屋面均布活荷载

民用建筑的屋面在其水平投影面上的均布活荷载，按表 3.4 取用。

表 3.4 **民用建筑屋面均布活荷载标准值及其组合值系数、频遇值系数和准永久值系数**

项 次	类 别	标准值 (kN/m²)	组合值系数 ψ_c	频遇值系数 ψ_f	准永久值系数 ψ_q
1	不上人屋面	0.5	0.7	0.5	0
2	上人屋面	2.0	0.7	0.5	0.4
3	屋顶花园	3.0	0.7	0.6	0.5

注 1. 不上人屋面，当施工或维修荷载较大时，应按实际情况取用；对不同结构应按有关设计规范的规定，将标准值作 0.2kN/m² 的增减。

2. 上人屋面，当兼作其他用途时，应按相应楼面活荷载取用。

3. 对于因屋面排水不畅、堵塞等引起的积水荷载，应采取构造措施加以防止；必要时，应按积水的可能深度确定屋面活荷载。

4. 屋顶花园活荷载不包括花圃土石等材料自重。

《荷载规范》（GB 50009—2001）规定，屋面均布活荷载不应与雪荷载同时组合。

1.3 屋面雪荷载

屋面单位水平投影面上的雪荷载标准值，应按下式计算：

$$s_k = \mu_r s_0 \tag{3.1}$$

式中：s_k 为雪荷载标准值，kN/m^2；μ_r 为屋面积雪分布系数，应根据不同类别的屋面形式，按表 3.5 取用；s_0 为基本雪压。

雪荷载的组合值系数可取 0.7；频遇值系数可取 0.6；准永久值系数应按雪荷载分区 Ⅰ、Ⅱ 和 Ⅲ 的不同，分别取 0.5、0.2 和 0。

基本雪压和雪荷载分区应按《荷载规范》（GB 50009—2001）附录 D.4 中 50 年一遇的全国各城市的雪压和风压值表取用。对雪荷载敏感的结构（如轻型屋盖），基本雪压应适当提高，并应由有关的结构设计规范具体规定。

表 3.5   **屋面积雪分布系数**

项次	类别	屋面形式及积雪分布系数						
1	单跨单坡屋面							
		α	$\leqslant 25°$	$30°$	$35°$	$40°$	$45°$	$\geqslant 50°$
		μ_r	1.0	0.8	0.6	0.4	0.2	0
2	单跨双坡屋面	均匀分布的情况 不均匀分布的情况 μ_r 按第 1 项规定取用						
3	拱形屋面	$\mu_r = \dfrac{1}{8f}$ $(0.4 \leqslant \mu_r \leqslant 1.0)$						

续表

项次	类别	屋面形式及积雪分布系数
4	带天窗的屋面	均匀分布的情况　1.0 不均匀分布的情况　1.1　0.8　1.1
5	带天窗有挡风板的屋面	均匀分布的情况　1.0 不均匀分布的情况　1.0　1.4　0.8　1.4　1.0
6	多跨单坡屋面（锯齿形屋面）	均匀分布的情况　1.0 不均匀分布的情况　0.6　1.4　0.6　1.4　0.6　1.4
7	双跨双坡或拱形屋面	均匀分布的情况　1.0 不均匀分布的情况　μ_r　1.4　μ_r μ_r 按第 1 项或第 3 项规定取用
8	高低屋面	1.0　2.0　1.0 $a=2h$，但不小于 4m，不大于 8m

注　1. 第 2 项单跨双坡屋面仅当 $20°\leqslant\alpha\leqslant30°$ 时，可采用不均匀分布情况。

　　2. 第 4、5 项只适用于坡度 $\alpha\leqslant25°$ 的一般工业厂房屋面。

　　3. 第 7 项双跨双坡或拱形屋面，当 $\alpha\leqslant25°$ 或 $f/l\leqslant0.1$ 时，只采用均匀分布情况。

　　4. 多跨屋面的积雪分布系数，可参照第 7 项的规定取用。

　　设计建筑结构及屋面的承重构件时，对于屋面板和檩条应按积雪不均匀分布的最不利情况取用；对于屋架和拱壳，可分别按积雪全跨均匀分布情况、不均匀分布情况和半跨的均匀分布情况取用；对于框架和柱，可按积雪全跨的均匀分布情况取用。

1.4　风荷载

　　风荷载是指风遇到建筑物时在其表面产生的一种压力或吸力。结构上的风荷载与风压、建筑物表面形状以及建筑物的动力特性有关。垂直于建筑物表面的风荷载的标准值按下式计算：

$$w_k = \mu_s \mu_z \beta_z w_0 \qquad (3.2)$$

式中：w_k 为风荷载标准值，kN/m^2；μ_s 为风荷载体型系数，按表 3.6 取用；μ_z 为风压高度变化系数，应根据地面粗糙度类别按表 3.7 确定；β_z 为高度 z 处的风振系数；w_0 为基本风压，kN/m^2，按《荷载规范》（GB 50009—2001）附表 D.4 给出的 50 年一遇的风压取用，但不得小于 $0.3kN/m^2$。

　　对于特别重要的高层建筑或对风荷载比较敏感的高层建筑，基本风压应按 100 年重现期的风压值取用；当没有 100 年一遇的风压资料时，也可近似将 50 年一遇的基本风压值乘以增大系数 1.1 取用。

表 3.6　　　　　　　**常见房屋和构筑物的风荷载体型系数**

序号	类　型	体型及体型系数	
1	封闭式双坡屋面		
2	封闭式拱式屋面		中间值按插入法计算
3	封闭式双跨双坡屋面		迎风坡面的 μ_s 按第 1 项取用

序号	类　　型	体 型 及 体 型 系 数
4	封闭式房屋 和构筑物	(a)正多边形平面 (b)Y 形平面 (c)L 形平面 (d)П形平面　　(e)十字形平面 (f)截角三边形平面　　(g)圆形平面　$\mu_s=+0.8$
5	独立墙壁及围墙	$\mu_s=+1.3$

注　对于重要且体型复杂的房屋和构筑物，应由风洞试验确定。

表 3.7　　　　　　　风压高度变化系数 μ_z

离地面或海平面高度（m）		5	10	15	20	30	40	50	60	70	80
地面粗糙度类别	A	1.17	1.38	1.52	1.63	1.80	1.92	2.03	2.12	2.20	2.27
	B	1.00	1.00	1.14	1.25	1.42	1.56	1.67	1.77	1.86	1.95
	C	0.74	0.74	0.74	0.84	1.00	1.13	1.25	1.35	1.45	1.54
	D	0.62	0.62	0.62	0.62	0.62	0.73	0.84	0.93	1.02	1.11

离地面或海平面高度（m）		90	100	150	200	250	300	350	400	≥450	
地面粗糙度类别	A	2.34	2.40	2.64	2.83	2.99	3.12	3.12	3.12	3.12	
	B	2.02	2.09	2.38	2.61	2.80	2.97	3.12	3.12	3.12	
	C	1.62	1.70	2.03	2.30	2.54	2.75	2.94	3.12	3.12	
	D	1.19	1.27	1.61	1.92	2.19	2.45	2.68	2.91	3.12	

注　对于山区建筑及远海海面和海岛的建筑，由上表查得的风压高度变化系数尚应考虑地形条件的修正系数 η［见《荷载规范》(GB 50009—2001) 第 7.2 条］。

在表 3.7 中，地面粗糙度可分为 A、B、C、D 四类。其中 A 类指近海海面和海岛、海岸、湖岸及沙漠地区；B 类指田野、乡村、丛林、丘陵以及房屋比较稀疏的乡镇和城市郊区；C 类指有密集建筑群的城市市区；D 类指有密集建筑群且房屋较高的城市市区。

对于基本自振周期 $T_1 > 0.25s$ 的工程结构（如房屋、屋盖及各种高耸结构），以及对于高度大于 30m 且高宽比大于 1.5 的高柔房屋，均应考虑风压脉动对结构发生顺风向风振的影响。对于一般悬臂型结构，如高耸结构或可忽略扭转影响的高层建筑，均可仅考虑第一振型的影响，结构在 z 高度处的风振系数 β_z 可按下式计算：

$$\beta_z = 1 + \frac{\xi \nu \varphi_z}{\mu_z} \tag{3.3}$$

式中：ξ 为脉动增大系数，按表 3.8 取用；ν 为脉动影响系数，若外形、质量沿高度比较均匀，可根据总高度 H 及其与迎风面宽度 B 的比值，按表 3.9 确定；φ_z 为结构第一振型的振型系数。

表 3.8   脉动增大系数 ξ

$w_0 T_1^2$ (kN·s⁻²·m⁻²)	0.01	0.02	0.04	0.06	0.08	0.10	0.20	0.40	0.60
钢结构	1.47	1.57	1.69	1.77	1.83	1.88	2.04	2.24	2.36
有填充墙的房屋钢结构	1.26	1.32	1.39	1.44	1.47	1.50	1.61	1.73	1.81
混凝土及砌体结构	1.11	1.14	1.17	1.19	1.21	1.23	1.28	1.34	1.38
$w_0 T_1^2$ (kN·s⁻²·m⁻²)	0.80	1.00	2.00	4.00	6.00	8.00	10.00	20.00	30.00
钢结构	2.46	2.53	2.80	3.09	3.28	3.42	3.54	3.91	4.14
有填充墙的房屋钢结构	1.88	1.93	2.10	2.30	2.43	2.52	2.60	2.85	3.01
混凝土及砌体结构	1.42	1.44	1.54	1.65	1.72	1.77	1.82	1.96	2.06

注   1. w_0 为基本风压；T_1 为结构的自振周期，对于比较规则的结构可近似取为钢结构 $T_1 = (0.10 \sim 0.15)n$，混凝土框架结构 $T_1 = (0.08 \sim 0.10)n$，框架-剪力墙和框架-核心筒结构 $T_1 = (0.06 \sim 0.08)n$，剪力墙结构和筒中筒结构 $T_1 = (0.05 \sim 0.06)n$。

      2. 对于 A 类地面、C 类地面和 D 类地面，需将 $w_0 T_1^2$ 的值分别乘以 1.38、0.62 和 0.32。

表 3.9   脉动影响系数 v

H/B	地面粗糙度类别	总高度 H (m)							
		≤30	50	100	150	200	250	300	350
≤0.5	A	0.44	0.42	0.33	0.27	0.24	0.21	0.19	0.17
	B	0.42	0.41	0.33	0.28	0.25	0.22	0.20	0.18
	C	0.40	0.40	0.34	0.29	0.27	0.23	0.22	0.20
	D	0.36	0.37	0.34	0.30	0.27	0.25	0.24	0.22
1.0	A	0.48	0.47	0.41	0.35	0.31	0.27	0.26	0.24
	B	0.46	0.46	0.42	0.36	0.36	0.29	0.27	0.26
	C	0.43	0.44	0.42	0.37	0.34	0.31	0.29	0.28
	D	0.39	0.42	0.42	0.38	0.36	0.33	0.32	0.31
2.0	A	0.50	0.51	0.46	0.42	0.38	0.35	0.33	0.31
	B	0.48	0.50	0.47	0.42	0.40	0.36	0.35	0.33
	C	0.45	0.49	0.48	0.44	0.42	0.38	0.38	0.36
	D	0.41	0.46	0.48	0.46	0.46	0.44	0.42	0.39
3.0	A	0.53	0.51	0.49	0.42	0.41	0.38	0.38	0.36
	B	0.51	0.50	0.49	0.46	0.43	0.40	0.40	0.38
	C	0.48	0.49	0.49	0.46	0.43	0.43	0.43	0.41
	D	0.43	0.46	0.49	0.49	0.48	0.47	0.46	0.45
5.0	A	0.52	0.53	0.51	0.49	0.46	0.44	0.42	0.39
	B	0.50	0.53	0.52	0.50	0.48	0.45	0.44	0.42
	C	0.47	0.50	0.52	0.52	0.50	0.48	0.47	0.45
	D	043	0.48	0.52	0.53	0.53	0.53	0.52	0.50
8.0	A	0.53	0.54	0.53	0.51	0.48	0.48	0.43	0.42
	B	0.51	0.53	0.54	0.52	0.50	0.50	0.46	0.44
	C	0.48	0.51	0.54	0.53	0.52	0.52	0.50	0.48
	D	0.43	0.48	0.54	0.53	0.55	0.55	0.54	0.53

结构振型系数通常应根据结构动力计算的结果确定。作为近似计算，对于外形、质量和刚度沿高度按连续规律变化的悬臂型

高耸结构及沿高度比较均匀的高层建筑，其振型系数可根据相对高度 z/H 直接查表 3.10～表 3.12 取用。迎风面宽度较大且截面沿高度不变的高层建筑，当剪力墙和框架均起主要作用时，其前 4 阶振型系数可按表 3.10 取用；迎风面宽度远小于其高度且截面沿高度不变的高耸结构，其前 4 阶振型系数可按表 3.11 取用；对截面沿高度规律变化的高耸结构，其第 1 振型系数可按表 3.12 取用。

表 3.10　　　　截面沿高度不变的高层建筑振型系数参考值

相对高度 z/H	振 型 序 号			
	1	2	3	4
0.1	0.02	−0.09	0.22	−0.38
0.2	0.08	−0.30	0.58	−0.73
0.3	0.17	−0.50	0.70	−0.40
0.4	0.27	−0.68	0.46	0.33
0.5	0.38	−0.63	−0.03	0.68
0.6	0.45	−0.48	−0.49	0.29
0.7	0.67	−0.18	−0.63	−0.47
0.8	0.74	0.17	−0.34	−0.62
0.9	0.86	0.58	0.27	−0.02
1.0	1.00	1.00	1.00	1.00

表 3.11　　　　截面沿高度不变的高耸结构振型系数参考值

相对高度 z/H	振 型 序 号			
	1	2	3	4
0.1	0.02	−0.09	0.23	−0.39
0.2	0.06	−0.30	0.61	−0.75
0.3	0.14	−0.53	0.76	−0.43
0.4	0.23	−0.68	0.53	0.32
0.5	0.34	−0.71	0.02	0.71

续表

相对高度	振 型 序 号			
z/H	1	2	3	4
0.6	0.46	−0.59	−0.48	0.33
0.7	0.59	−0.32	−0.66	−0.40
0.8	0.79	0.07	−0.40	−0.64
0.9	0.86	0.52	0.23	−0.05
1.0	1.00	1.00	1.00	1.00

表 3.12   截面沿高度规律变化的高耸结构第 1 振型系数

相对高度	B_H/B_0				
z/H	1.0	0.8	0.6	0.4	0.2
0.1	0.02	0.02	0.01	0.01	0.01
0.2	0.06	0.06	0.05	0.04	0.03
0.3	0.14	0.12	0.11	0.09	0.07
0.4	0.23	0.21	0.19	0.16	0.13
0.5	0.34	0.32	0.29	0.26	0.21
0.6	0.46	0.44	0.41	0.37	0.31
0.7	0.59	0.57	0.55	0.51	0.45
0.8	0.79	0.71	0.69	0.66	0.61
0.9	0.86	0.86	0.85	0.83	0.80
1.0	1.00	1.00	1.00	1.00	1.00

注 B_H 为结构迎风面上端宽度；B_0 为结构迎风面下端宽度。

1.5   地震作用

各类建筑结构的地震作用验算，应符合以下规定：

（1）一般情况下，应允许在建筑结构的两个主轴方向分别计算水平地震作用并进行抗震验算，各方向的水平地震作用应由该方向抗侧力构件承担。

（2）有斜交抗侧力构件的结构，当相交角度大于 15°时，应分别计算各抗侧力构件方向的水平地震作用。

（3）质量和刚度分布明显不对称的结构，应计入双向水平地震作用下的扭转影响；其他情况，允许采用调整地震作用效应的方法计入扭转影响。

（4）抗震设防烈度为 8 度、9 度时的大跨度和长悬臂结构及抗震设防烈度为 9 度时的高层建筑，应计算竖向地震作用。

1.5.1 地震影响系数

建筑结构的地震影响系数应根据烈度、场地类别、设计地震分组和结构自振周期以及阻尼比按图 3.1 确定。图 3.1 中各计算参数应按表 3.13 取用，其水平地震影响系数最大值 α_{max} 应按表 3.14 取用；特征周期值 I_g 应根据场地类别和设计地震分组按表 3.15 取用，计算抗震设防烈度为 8 度、9 度罕遇地震作用时，特征周期值应增加 0.05s。

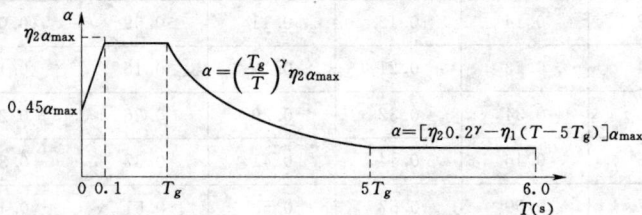

图 3.1 地震影响系数曲线

表 3.13   地震影响系数计算参数表

参　　数	计 算 取 值	备　　注
水平地震影响系数最大值 α_{max}	按表 3.14 取用	
特征周期 T_g	按表 3.15 取用	
直线下降段的下降斜率调整系数 η_1	$0.02 + (0.05 - \zeta)/8$	ζ 为阻尼比；$\eta_1 < 0$ 时取 0
阻尼调整系数 η_2	$1 + (0.05 - \zeta)/(0.06 + 1.7\zeta)$	$\eta_2 < 0.55$ 时应取 0.55
衰减系数 γ	$0.9 + (0.05 - \zeta)/(0.5 + 5\zeta)$	

表 3.14　　　　　　　　**水平地震影响系数最大值**

抗震设防烈度	6 度	7 度	8 度	9 度
多遇地震	0.04	0.08 (0.12)	0.16 (0.24)	0.32
罕遇地震		0.50 (0.72)	0.90 (1.20)	1.40

注　7 度和 8 度栏下括号内数值分别用于设计基本地震加速度为 0.15g 和 0.30g 的地区。

表 3.15　　　　　　　　**特 征 周 期 值**　　　　　单位：s

设计地震分组	场 地 类 别			
	I	II	III	IV
第一组	0.25	0.35	0.45	0.65
第二组	0.30	0.40	0.55	0.75
第三组	0.35	0.45	0.65	0.90

　　表 3.15 中建筑的场地类别，应根据土层等效剪切波速和场地覆盖层厚度按表 3.16 划分为四类。当有可靠的剪切波速和覆盖层厚度且其值处于表 3.16 所列场地类别的分界线附近时，允许按插值方法确定地震作用计算所用的设计特征周期。

表 3.16　　　　　　　**各类建筑场地覆盖层厚度**　　　　单位：m

等效剪切波速 v_{se} （m/s）	场 地 类 别			
	I	II	III	IV
$v_{se}>500$	0			
$500 \geqslant v_{se}>250$	<5	≥5		
$250 \geqslant v_{se}>140$	<3	3～50	>50	
$v_{se} \leqslant 140$	<3	3～15	>15～80	>80

1.5.2　地震作用计算

　　各类建筑结构的地震作用计算，应采用以下方法：

　　（1）高度不超过 40m、以剪切变形为主且质量和刚度沿高度分布比较均匀的结构，以及近似于单质点体系的结构，可采用底部剪力法进行计算。

(2) 除第（1）项外的建筑结构，宜采用振型分解反应谱法。

· (3) 特别不规则的建筑、甲类建筑和表 3.17 所列高度范围的高层建筑，应采用时程分析法进行多遇地震下的补充计算，可取多条时程曲线计算结果的平均值与振型分解反应谱法计算结果的较大值。

采用时程分析法时，应按建筑场地类别和设计地震分组选用不少于两组的实际强震记录和一组人工模拟的加速度时程曲线，其平均地震影响系数曲线应与振型分解反应谱法所采用的地震影响系数曲线在统计意义上相符，其加速度时程的最大值可按表 3.18 取用。采用弹性时程分析时，每条时程曲线计算所得结构底部剪力不应小于振型分解反应谱法计算结果的 65%，多条时程曲线计算所得结构底部剪力的平均值不应小于振型分解反应谱法计算结果的 80%。

表 3.17	采用时程分析的房屋高度范围		单位：m
抗震设防烈度、场地类别	8 度 Ⅰ、Ⅱ类场地和 7 度	8 度 Ⅲ、Ⅳ类场地	9 度
房屋高度范围	>100	>80	>60

表 3.18	时程分析所用地震加速度时程曲线的最大值			单位：cm/s²
抗震设防烈度	6 度	7 度	8 度	9 度
多遇地震	18	35（55）	70（110）	140
罕遇地震		220（310）	400（510）	620

注 7 度和 8 度栏下括号内数值分别适用于设计基本地震加速度为 $0.15g$ 和 $0.30g$ 的地区。

1. 水平地震作用计算

当采用底部剪力法时，各楼层可仅取一个自由度（见图 3-2），其水平地震作用标准值的具体计算方法为

$$F_{EK} = \alpha_1 G_{eq}$$

$$F_i = \frac{G_i H_i}{\sum\limits_{j=1}^{n} G_j H_j} F_{EK}(1 - \delta_n)$$

$$(i = 1, 2, \cdots, n)$$

$$\Delta F_n = \delta_n F_{EK}$$

式中：F_{EK} 为结构总水平地震作用标准值；α_1 为相应于结构基本自振周期的水平地震影响系数值，多层砌体房屋、底部框架和多层内框架砖房，宜取水平地震影响系数最大值；G_{eq} 为结构等效总重力荷载，单质点应取总重力荷载代表值，多质点可取总重力荷

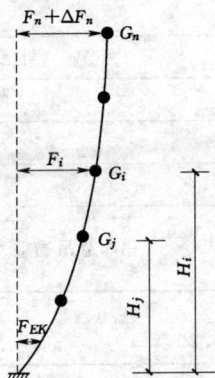

图 3.2　底部剪力法计算
水平地震作用
的计算简图

载代表值的 85%；F_i 为质点 i 的水平地震作用标准值；G_i、G_j 分别为集中于质点 i、j 的重力荷载代表值，建筑的重力荷载代表值应取结构和构配件自重标准值和各可变荷载组合值之和，各可变荷载的组合值系数，应按表 3.19 取用；H_i、H_j 分别为质点 i、j 的计算高度；δ_n 为顶部附加地震作用系数，多层钢筋混凝土和钢结构房屋可按表 3.20 取用，多层内框架砖房可采用 0.2，其他房屋可采用 0.0；ΔF_n 为顶部附加水平地震作用。

采用底部剪力法时需注意，突出屋面的屋顶间、女儿墙和烟囱等的地震作用效应宜乘以增大系数 3，此增大部分不应往下传递，但与该突出部分相连的构件应予计入。

表 3.19　　　重力荷载代表值计算时各可变荷载
的组合值系数

可 变 荷 载 种 类		组合值系数
按实际情况计算的楼面活荷载		1.0
按等效均布荷载计算的楼面活荷载	藏书库、档案馆	0.8
	其他民用建筑	0.5

可 变 荷 载 种 类		组合值系数
屋面活荷载		0
雪荷载		0.5
屋面积灰荷载		0.5
吊车悬吊物重力	硬钩吊车	0.3
	软钩吊车	0

表 3. 20 顶部附加地震作用系数

T_g（s）	$T_1>1.4\,T_g$	$T_1\leqslant1.4\,T_g$
$\leqslant0.35$	$<0.08T_1+0.07$	
$<0.35\sim0.55$	$0.08T_1+0.01$	0.0
>0.55	$0.08T_1-0.02$	

注 T_1 为结构基本自振周期。

2. 竖向地震作用计算

抗震设防烈度为 9 度时的高层建筑，其竖向地震作用标准值应按表 3.21 确定；楼层的竖向地震作用效应可按各构件承受的重力荷载代表值的比例分配，并宜乘以增大系数 1.5。

表 3. 21 竖向地震作用标准值计算

计 算 条 件	计 算 公 式	说 明
抗震设防烈度为 9 度的高层建筑	$F_{Evk}=\alpha_{vmax}G_{eq}$ $F_{vi}=\dfrac{G_iH_i}{\sum G_jH_j}F_{Evk}$	F_{Evk} 为结构总竖向地震作用标准值；F_{vi} 为质点 i 的竖向地震作用标准值；α_{vmax} 为竖向地震作用系数的最大值，可取水平地震作用系数最大值的 65%；G_{eq} 为结构等效总重力荷载，可取其重力荷载代表值的 75%
抗震设防烈度为 8 度、9 度的平板型网架和跨度大于 24m 的屋架	$F_{Evk}=\alpha_vG$	G 为结构重力荷载代表值，α_v 为竖向地震作用系数，按表 3.22 取用

续表

计 算 条 件		计 算 公 式	说　　明
长悬臂和其他大跨度结构	抗震设防烈度为 8 度	$F_{Evk}=0.1G$	
	抗震设防烈度为 9 度	$F_{Evk}=0.2G$	
	设计基本地震加速度为 $0.30g$	$F_{Evk}=0.15G$	

表 3.22　　　　　　　　　　竖向地震作用系数

结构类型	抗震设防烈度	场 地 类 别		
		I	II	III、IV
平板型网架、钢屋架	8 度	可不计算（0.10）	0.08（0.12）	0.10（0.15）
	9 度	0.15	0.15	0.20
钢筋混凝土屋架	8 度	0.10（0.15）	0.13（0.19）	0.13（0.19）
	9 度	0.20	0.25	0.25

注　括号内数值用于设计基本加速度为 $0.30g$ 的地区。

第 2 节　荷 载 布 置

作用于框架结构上的永久荷载对于结构作用的位置和大小是不变的；而活荷载可以单独地作用于框架的某层的某一跨或某几跨，也可能共同作用于整个框架上。活荷载在结构上的空间分布对结构的内力计算有较大影响，因而需要考虑活荷载的最不利布置以得到某一截面处的不同种类（M、N、V）的最不利内力，活荷载的最不利位置应根据所计算控制截面位置、最不利内力的种类分别确定。在此，主要介绍四种考虑活荷载最不利布置的方法，即分跨计算组合法、最不利荷载位置法、分层组合法和满布荷载法。

2.1　分跨计算组合法

分跨计算组合法是将活荷载逐层逐跨单独地作用于结构上，

分别计算出整个结构的内力，根据所设计的构件的某控制界面，组合出最不利内力。因此，对于一个多层多跨框架，共有（跨数×层数）种不同的活荷载布置方式，即需要计算（跨数×层数）次结构的内力，其计算工作量是很大的。但求得了这些内力以后，即可求得任意截面上的最大内力，其过程较为简单。在运用计算机程序进行内力组合时，常采用这一方法。

2.2 最不利荷载位置法

为求某一指定截面的最不利内力，可以根据影响线方法，直接确定产生此最不利内力的可变荷载布置。以图 3.3（a）所示的四层框架为例，欲求某跨梁 AB 的跨中 C 截面最大正弯矩 M_T 的活荷载最不利位置，可先作 M_C 的影响线，即解除 M_C 相应的约束（将 C 点改为铰接），代之以正向约束力，使结构沿约束力的正向产生单位虚位移 $\theta = 1$，由此可得到整个结构的虚位移图，如图 3.3（b）所示。

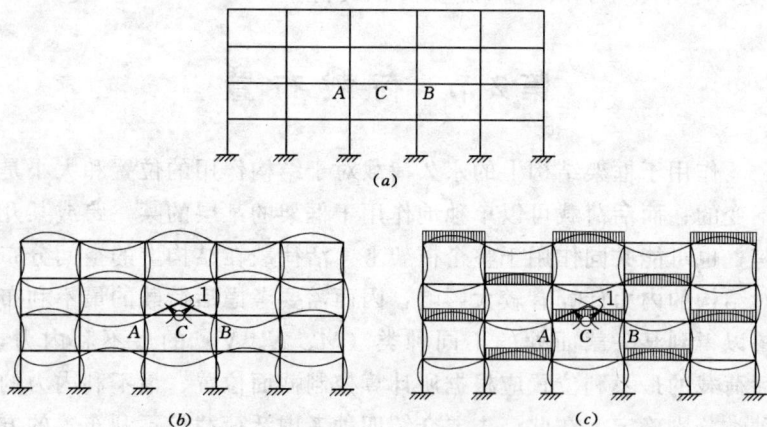

图 3.3 跨中弯矩 M_C 的活荷载最不利布置方法

（a）需考虑活荷载最不利布置的四层框架结构；（b）影响线；（c）活荷载最不利布置

根据虚位移原理，为求梁 AB 跨中最大正弯矩，则须在图 3.3（b）中凡产生正向虚位移的跨间均布置活荷载，即除该跨必须布置活荷载外，其他各跨应相间布置，同时在竖向亦相间布置，形成棋盘形间隔布置，如图 3.3（c）所示。可以看出，当 AB 跨达到跨中最大弯矩时的活荷载最不利布置，也正好使其他布置活荷载跨的跨中弯矩达到最大值。因此，只要进行棋盘形活荷载布置，就可求得整个框架中所有梁的跨中最大正弯矩。

最不利荷载位置法的优点是物理概念强，可直接求出某控制截面的最不利内力而不需进行内力组合，但是需要独立进行很多种最不利荷载位置下的内力计算，计算繁冗，不便于实际应用，故常用于复核计算。

2.3 分层组合法

无论是用分跨组合法还是用最不利荷载位置法，求解活荷载最不利布置时的结构内力都是非常繁冗的。分层组合法是以分层法为依据的，比较简单，对活荷载的最不利布置作了以下简化：

（1）对于梁，只考虑本层活荷载的最不利位置，而不考虑其他层活荷载的影响。因此，其布置方法与连续梁的活荷载最不利布置方法相同。

（2）对于柱端弯矩，只考虑柱相邻上下层的活荷载的影响，而不考虑其他层活荷载的影响。

（3）对于柱最大轴力，则必须考虑在该层以上所有层中与该柱相邻的梁作用活荷载的情况，但对于与柱不相邻的上层活荷载，仅考虑其轴向力的传递而不考虑其弯矩的作用。

2.4 满布荷载法

目前，我国的钢筋混凝土结构建筑，由恒荷载和活荷载共同引起的单位面积楼层重力标准值，对于框架与框架-剪力墙结构而言约为 $12\sim14$ kN/m²，对于剪力墙和筒体结构约为 $13\sim16$ kN/m²，而其中活荷载部分约为 $2\sim3$ kN/m²，仅占全部楼层重力的 $15\%\sim20\%$，因而活荷载的不利分布对计算结果影响比较小。因此，在实际的工程设计时可不考虑活荷载的最不利布置，而将活荷载同时作用于所有的框架梁上，直接将得到的内力用于设计计算，这种方法称为满布荷载法。

然而，当活荷载较大时（楼面活荷载标准值超过 $4kN/m^2$），其不利分布对梁弯矩的影响会比较明显，此时在计算中应予考虑。计算时可以采取两种方法：一种方法，是进行活荷载最不利布置的详细计算分析；另一种方法，是将未考虑活荷载最不利布置所计算（即满布荷载法）得到的框架梁弯矩乘以一个放大系数予以近似考虑，该放大系数通常可取为 1.1～1.3，活荷载较大时可选用较大数值。应注意，按第二种方法近似考虑活荷载不利分布影响时，梁正、负弯矩应同时予以放大。

第4章 内力与侧移的近似计算方法

第1节 竖向荷载作用下的分层法

1.1 分层法基本假定

假定1：在竖向荷载作用下，多跨多层框架的侧移常可忽略不计。一般来说，在竖向荷载作用下，凡是跨数较多或接近对称的框架，其侧移都很小，结构近似计算时常可忽略其影响。这样框架在竖向荷载作用下的内力分析就可以用力矩分配法计算。

假定2：每层梁上的荷载只对本层的梁、柱产生弯矩，忽略对其他层的影响。这是因为，荷载在相邻节点产生的固端弯矩，在计算中经过分配、传递、再分配的过程，逐级递减，从而对其他层产生的影响非常小，而且离荷载作用位置越远，影响越小。有了这个假定，就可以将多层框架逐层分解，然后一层一层地单独进行计算。

1.2 分层法的计算步骤

1. 框架拆分

根据假定2，可将复杂的框架结构拆解为相对简单的计算单元，如图4.1所示。新的计算单元由各层的框架梁和上下层柱组成一个无侧移刚架（又称为开口框架），这样就可以采用一般的结构力学知识手算各个计算单元（刚架）的内力。

2. 用力矩分配法分别计算各开口框架的内力

在各个分层框架的计算模型中，柱的远端均视为固支约束条件。而实际上，底层柱下端为基础的固支约束，与计算相符；其余层各柱在柱端由梁来约束，其约束条件弱于基础的约束，实际

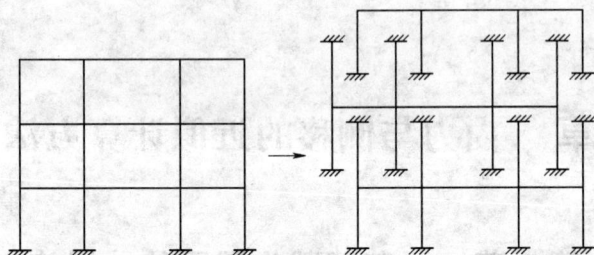

图 4.1　框架拆分计算模型

上应视为弹性固定，如图 4.2（a）所示。因此，为减小计算误差，应对除底层柱外的其余层各柱的计算参数进行适当修正，如表 4.1 所示，对于杆件远端为固定支座和铰接连接的情况，进行折中，得到弹簧铰约束时近似的刚度系数和传递系数。

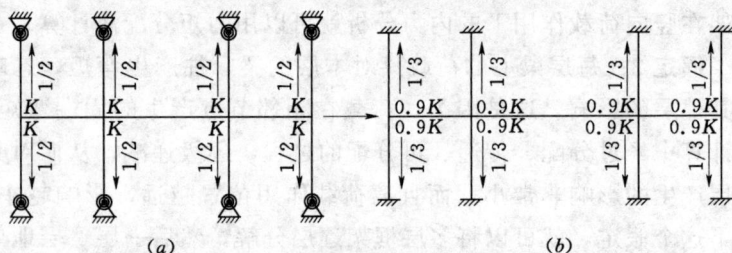

图 4.2　计算模型的参数调整

K—杆件的刚度

表 4.1　　　　弹簧铰约束时的近似刚度系数和传递系数

约束方式	固定支座	铰接	弹簧铰
刚度系数	$4i(=1 \times 4i)$	$3i(=0.75 \times 4i)$	$3.6i(=0.9 \times 4i)$
传递系数	1/2	0	1/3

因而，应根据弹簧铰对各开口框架的计算参数进行以下修正，如图 4.2（b）所示：

（1）对除底层柱外的其余层各柱的线刚度乘以折减系数 0.9。

（2）除底层柱外的上部各层柱的传递系数由 1/2 改为 1/3。

作用于开口框架的梁上的荷载一般为梯形荷载和三角形荷载，在求解荷载作用下梁端的固端弯矩时，可以按固端弯矩等效的原则，将梯形荷载和三角形荷载转换为等效均布荷载，以方便查表计算，等效转化过程如图 4.3 所示。

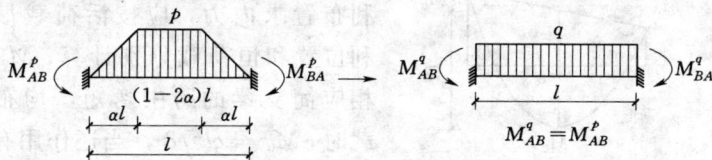

图 4.3　荷载等效计算示意

转化后的等效均布荷载为

$$q = (1 - 2\alpha^2 + \alpha^3) p$$

对于三角形荷载，当 $\alpha = \dfrac{1}{2}$ 时，$q = \dfrac{5}{8} p$。

进一步可得到相应的固端弯矩为

$$M_{AB}^q = M_{BA}^q = F \frac{1}{12} q l^2$$

3. 弯矩叠加

在前述计算的基础上，将针对各开口框架计算得到的各杆端弯矩进行叠加，即可得到整个框架的弯矩图。此时，梁端弯矩即为分层法算出的梁端弯矩，而柱端弯矩需由本层柱端弯矩叠加上、下层的传递弯矩得到。

在叠加后的框架弯矩图中，由于相邻层的柱传递的远端弯矩叠加于节点上，因而节点弯矩一般是不平衡的。对于不平衡弯矩较大的节点，可以将不平衡弯矩在本节点再按照各杆件的弯矩分配系数重新分配一次，但是分配的弯矩不再向远端传递。二次分配后，节点的弯矩即可处于平衡状态。

4. 计算梁跨中弯矩

如图 4.4 所示，梁的跨中弯矩近似按下式计算：

$$M_C = M_0 - \frac{M_B + (-M_A)}{2} \tag{4.1}$$

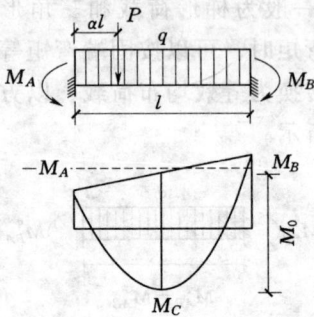

图 4.4　梁跨中弯矩计算示意

式中：M_A、M_B 分别为两端支座的杆端弯矩（以顺时针为正），当按满载计算时，采用叠加后并经调整后的支座弯矩，若按活荷载不利布置求内力，应按活荷载最不利位置和恒荷载分别计算；M_0 为相应简支梁的跨中弯矩，均布荷载时，$M_0 = ql^2/8$，当还作用有集中荷载时，应注意加上集中荷载产生的相应的跨中弯矩值 $\alpha Pl/2$。

5. 计算框架梁的剪力

如图 4.5 所示，框架梁的梁端剪力可取该梁为隔离体，利用平衡条件进行计算：

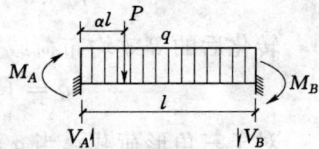

图 4.5　梁剪力计算示意

$$V_A = -\frac{M_B + M_A}{l} + \frac{1}{2}ql + (1-\alpha)P$$

$$V_B = -\frac{M_B + M_A}{l} - \frac{1}{2}ql - \alpha P \qquad (4.2)$$

式中：V_A、V_B 分别为两端支座的剪力（以使杆件顺时针旋转为正）；M_A、M_B 分别为两端支座的杆端弯矩（以顺时针为正）。

6. 柱的轴力计算

各柱的轴力可以根据节点的竖向力平衡计算，如图 4.6 所示。图 4.6 中 G_c 为柱的自重，当计算恒荷载作用下的内力时，柱的轴力应叠加柱的自重；但是当计算活荷载作用下的内力时，柱的自重 G_c 则不应考虑。

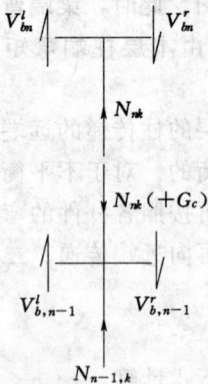

图 4.6　柱轴力计算示意

第 2 节　水平荷载作用下的反弯点法

　　框架结构承受的水平荷载如水平风荷载、地震作用，一般简化为节点水平荷载。结构在节点水平荷载作用下，框架节点将产生水平位移和转角位移。如果假定框架梁的线刚度相对框架柱的线刚度为无限大，即框架梁对框架柱是绝对刚性约束，那么在忽略框架柱在轴向的不均匀变形的情况下，节点的转角等于 0。一般认为，当梁的线刚度与柱的线刚度之比大于 3 时，由上述假定引起的误差很小，可满足工程设计的精度要求。图 4.7 所示为水平均布荷载作用下的框架变形（由通用有限元软件 Ansys 计算所得），框架的梁柱线刚度比等于 3。由图 4.7 中可以看出，柱子发生了明显的弯曲，而梁基本上保持直线状态，这说明梁对柱提供了足够的约束，此时节点无明显转角，可近似满足转角为 0 的条件。

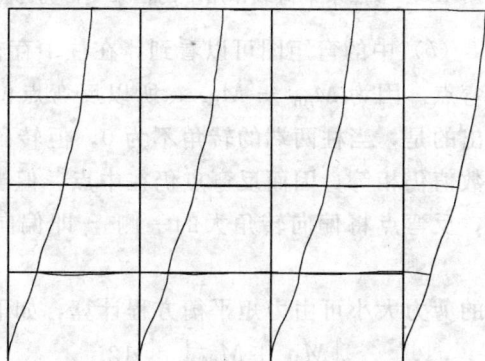

图 4.7　水平荷载作用下的框架变形
（梁柱线刚度比等于 3）

　　在上述假定下，框架结构在节点水平荷载下的变形曲线如图 4.8（a）所示。从框架中任意取出一根柱，其边界条件、变形情况和弯矩分布如图 4.8（b）所示。根据结构力学的转角位移

方程，柱上、下端的杆端弯矩为

$$M_{AB} = 4i\theta_A + 2i\theta_B - 6i\,\frac{\Delta u_{AB}}{h} = -6i\,\frac{\Delta u_{AB}}{h}$$
$$M_{BA} = 4i\theta_B + 2i\theta_A - 6i\,\frac{\Delta u_{AB}}{h} = -6i\,\frac{\Delta u_{AB}}{h}$$

$$(4.3)$$

其中，根据计算假定，$\theta_A = \theta_B = 0$。

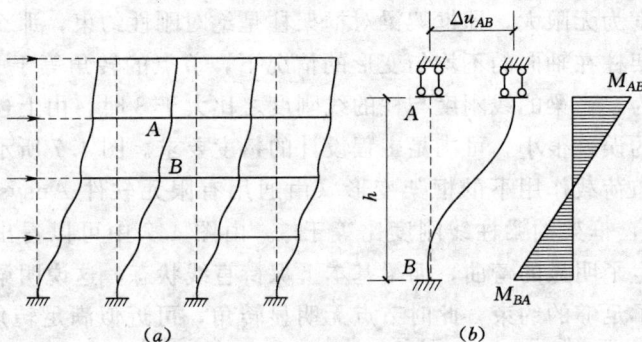

图 4.8   节点水平荷载作用下的框架变形与弯矩

由图 4.8（b）中的弯矩图可以看到，在柱中存在一弯矩为 0 的点，即反弯点。因为 $M_{AB} = M_{BA}$，所以反弯点位于柱的中点处。需要指出的是，当柱两端的转角不为 0，但转角相等时，柱两端弯矩的数值仍相等，因而反弯点仍在中点。但当柱两端的转角不相等时，反弯点将偏向转角大的一侧，即偏向约束刚度较小的一端。

杆件内的剪力大小可由力矩平衡方程计算，如下式所示：

$$V_{AB} = \frac{|M_{AB} + M_{BA}|}{h} = \frac{12i}{h^2}\Delta u_{AB} \qquad (4.4)$$

当杆件两端发生单位相对侧移时，杆件内的剪力定义为抗侧刚度，此处以 d 表示，即

$$d = \frac{V_{AB}}{\Delta u_{AB}} \qquad (4.5)$$

将式（4.4）代入式（4.5），可以得到柱的抗侧刚度：

$$d = \frac{12i_c}{h^2} \tag{4.6}$$

式中：i_c 为柱的线刚度。

下面我们将利用柱中点处存在反弯点（针对梁柱线刚度比大于 3 的框架而言）这一特性，来计算分析框架结构在节点水平荷载作用下的各种内力，此分析方法被称为反弯点法。

图 4.9 所示的框架结构共有 n 层、$m-1$ 跨。从第 j 层的反弯点处切开，反弯点处没有弯矩，剪力分别以 V_{j1}，…，V_{jk}，…，V_{jm} 表示。设第 j 层各柱的层间位移为 $\Delta u_{j1}, \cdots, \Delta u_{jk}, \cdots, \Delta u_{jm}$。

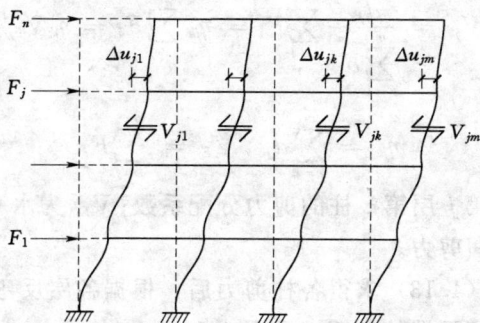

图 4.9　水平荷载作用下的反弯点法

在水平方向上，由静力平衡条件：

$$\sum_{i=j}^{n} F_i = \sum_{k=1}^{m} V_{jk} \tag{4.7}$$

当忽略梁的轴向变形时，各柱的层间位移相等，即

$$\Delta u_{j1} = \Delta u_{j2} = \cdots = \Delta u_{jk} = \cdots = \Delta u_{jm} = \Delta u_j \tag{4.8}$$

对于第 j 层第 k 柱，其两端相对侧移为 Δu_{jk}，相应的剪力根据式（4.5）和式（4.8）可表示为

$$V_{jk} = d_{jk} \Delta u_{jk} = d_{jk} \Delta u_j \tag{4.9}$$

根据式（4.9）对第 j 层各柱求和，得到

$$\sum_{k=1}^{m} V_{jk} = \sum_{k=1}^{m} d_{jk} \Delta u_j \tag{4.10}$$

将式（4.7）代入式（4.10），得到

$$\sum_{i=j}^{n} F_i = \sum_{k=1}^{m} d_{jk} \Delta u_j \tag{4.11}$$

所以有

$$\Delta u_j = \frac{\displaystyle\sum_{i=j}^{n} F_i}{\displaystyle\sum_{k=1}^{m} d_{jk}} \tag{4.12}$$

将式（4.12）代入式（4.9），可求得第 j 层各柱的剪力：

$$V_{jk} = \frac{d_{jk}}{\displaystyle\sum_{k=1}^{m} d_{jk}} \sum_{i=j}^{n} F_i = \eta_{jk} \sum_{i=j}^{n} F_i = \eta_{jk} V_{Fj} \tag{4.13}$$

其中

$$\eta_{jk} = \sum_{k=1}^{m} d_{jk}, \quad V_{Fj} = \sum_{i=j}^{n} F_i$$

式中：η_{jk} 为第 j 层第 k 柱的剪力分配系数；V_{Fj} 为水平荷载在第 j 层产生的层间剪力。

利用式（4.13）求得各柱剪力后，根据各层反弯点位置，可以求出柱上、下端的弯矩（见图 4.10）。

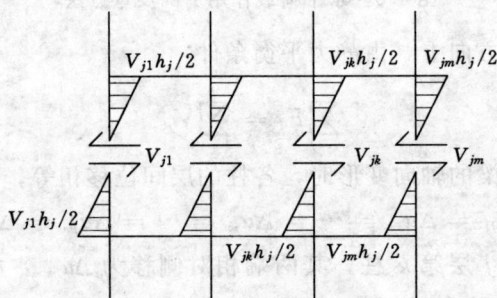

图 4.10　柱端弯矩

对于除底层柱外的其余层各柱，有

$$M_{cjk}^{t} = M_{cjk}^{b} = V_{jk} \frac{h_j}{2} \tag{4.14}$$

式中：t、b 分别为柱的上端、下端；c 为柱弯矩；j 为第 j 层；k 为第 k 柱。

对于底层柱，因为柱底为固支约束，其下端基础的约束刚度大于梁的约束刚度，反弯点较其他层上移。因此，在工程设计中，底层柱的反弯点近似取为距基础顶面 2/3 柱高处。于是有

$$\left.\begin{array}{l} M^t_{c1k} = V_{1k}\dfrac{h_1}{3} \\[3mm] M^b_{c1k} = V_{1k}\dfrac{2h_1}{3} \end{array}\right\} \tag{4.15}$$

如图 4.11（a）所示的节点，上、下柱端的弯矩 M^t_c、M^b_c 由式（4.15）已求得。节点左右的梁端弯矩 M^l_b、M^r_b，应按杆件的刚度系数进行分配，即

$$M^l_b : M^r_b = 4i^l_b : 4i^r_b \tag{4.16}$$

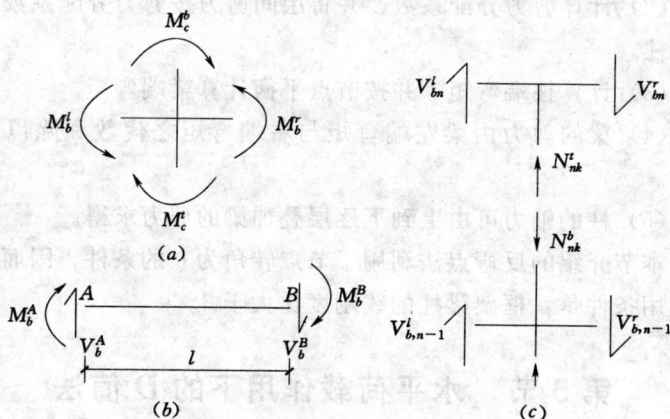

图 4.11　梁端弯矩剪力与柱轴力计算示意

（a）节点力矩平衡；（b）梁力矩平衡；（c）节点的竖向力平衡

根据节点的力矩平衡条件，有

$$M^l_b + M^r_b = M^t_c + M^b_c \tag{4.17}$$

由式（4.16）和式（4.17），可求得梁端弯矩为

$$M_b^l = \frac{i_b^l}{i_b^l + i_b^r}(M_c^b + M_c^t) \left.\vphantom{\frac{i_b^l}{i_b^l + i_b^r}}\right\}$$

$$M_b^r = \frac{i_b^r}{i_b^l + i_b^r}(M_c^b + M_c^t) \qquad\qquad (4.18)$$

然后，以梁为隔离体［见图 4.11 （b）］，根据力矩平衡可得到梁的剪力：

$$V_b^A = V_b^B = -\frac{M_b^A + M_b^B}{l} \qquad\qquad (4.19)$$

式中：M_b^A、M_b^B 分别为梁 A、B 两端的杆端弯矩（以顺时针为正）；l 为梁的跨度。

已知梁的剪力，由上到下利用节点的竖向力平衡条件，即可求得柱的轴力［见图 4.11 （c）］。

上述反弯点法的计算过程可归纳如下：

（1）将沿高度分布的水平荷载化为节点水平力。

（2）计算剪力分配系数，并将层间剪力按剪力分配系数分配给各柱。

（3）计算柱端弯矩，并按节点平衡计算梁端弯矩。

（4）梁的剪力由梁左端弯矩与右端弯矩之代数和除以梁跨求得。

（5）柱的轴力可由上到下逐层叠加梁的剪力求得。

本节介绍的反弯点法利用了节点转角为 0 的条件，因而其工程适用条件是：框架梁柱的线刚度比大于 3。

第 3 节　水平荷载作用下的 *D* 值法

反弯点法在考虑柱抗侧刚度 d 时，假设结点转角为 0，即假设横梁的线刚度为无穷大。对于层数较多的框架，由于柱轴力增大，柱截面也随着增大，梁柱相对线刚度比较接近，甚至有时柱的线刚度反而比梁的线刚度大，这样，上述假设将产生较大误差。此外，反弯点法认为反弯点出现在柱的中点处，实际误差也较大，特别是在最上和最下的几层。武藤清（Muto Kiyoshi）在分析多层框架的受力特点和变形特点的基础上，对框架在水平荷载作用下的计算，提出了修正柱的侧移刚度和调整反弯点高度的方法，称为修正反弯点法或 D 值法。D 值法的计算步骤与反弯点法大致相同，因而计算简单、实用，同时其精度要比反弯点法高，在多、高层建筑结构设计中得到了广泛应用。

3.1　柱抗侧刚度 D 值的计算

当梁柱线刚度的比值较小时，在水平荷载作用下，框架不仅有侧移，而且各节点还有转角，如图 4.12 所示。

从框架中任取框架柱 AB 进行分析，AB 柱及其周围杆件如图 4.13 所示。为简化分析，做如下假定。

假定 1：柱 AB 与上下层柱线刚度相等，均为 i_c。

假定 2：柱 AB 与上下层柱的弦转角 $\varphi_j = \Delta u_j / h_j$ 相等，均为 φ。

假定 3：各节点转角相等，均为 θ。

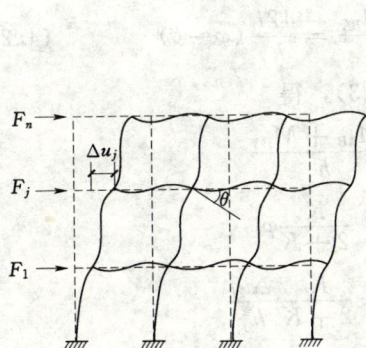

图 4.12　水平荷载作用下
框架的变形

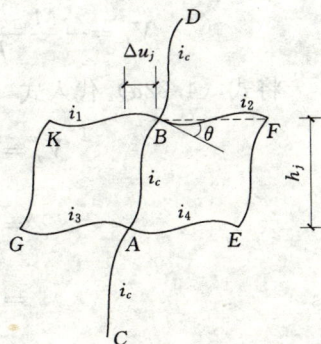

图 4.13　AB 框架柱的
抗侧刚度分析

由转角位移方程，可以得到各杆端弯矩为

$$M_{AB} = 4i_c\theta + 2i_c\theta - 6i_c\varphi = 6i_c(\theta - \varphi) \tag{4.20a}$$

$$M_{BA} = 6i_c(\theta - \varphi) \tag{4.20b}$$

$$M_{AC} = 6i_c(\theta - \varphi) \qquad (4.20c)$$

$$M_{BD} = 6i_c(\theta - \varphi) \qquad (4.20d)$$

$$M_{AG} = 4i_3\theta + 2i_3\theta = 6i_3\theta \qquad (4.20e)$$

$$M_{AE} = 6i_4\theta \qquad (4.20f)$$

$$M_{BK} = 6i_1\theta \qquad (4.20g)$$

$$M_{BF} = 6i_2\theta \qquad (4.20h)$$

在 A、B 节点分别由力矩平衡方程得

$$\sum M_A = M_{AB} + M_{AC} + M_{AE} + M_{AG} = 0 \qquad (4.21a)$$

$$\sum M_B = M_{BA} + M_{BD} + M_{BK} + M_{BF} = 0 \qquad (4.21b)$$

将式（4.21a）与式（4.21b）两式相加并结合式（4.20a）~式（4.20h）各式进行化简，可得

$$\theta = \frac{2}{2+K}\varphi \qquad (4.22a)$$

$$K = \frac{i_1 + i_2 + i_3 + i_4}{2i_c} \qquad (4.22b)$$

柱 AB 的剪力大小为

$$V_j = -\frac{M_{AB} + M_{BA}}{h_j} = \frac{12i_c}{h_j}(\varphi - \theta) \qquad (4.23)$$

将式（4.22a）代入式（4.23），得

$$V_j = -\frac{M_{AB} + M_{BA}}{h_j}$$

$$= \frac{12i_c}{h_j}\frac{K}{2+K}\varphi$$

$$= 12i_c\frac{K}{2+K}\frac{\Delta u_j}{h_j^2}$$

$$= \alpha 12i_c\frac{\Delta u_j}{h_j^2} \qquad (4.24a)$$

其中
$$\alpha = \frac{K}{2+K} \qquad (4.24b)$$

定义柱 AB 的抗侧刚度为

$$D = \frac{V_j}{\Delta u_j} \qquad (4.25)$$

则

$$D = \alpha \frac{12i_c}{h_j^2} \tag{4.26}$$

在上述推导中，$K = \dfrac{i_1 + i_2 + i_3 + i_4}{2i_c}$ 为框架梁柱的刚度比，α 值表示梁柱刚度比对柱抗侧刚度的影响。当 K 值无限大时，$\alpha = 1$，所得 D 值与反弯点法中的 d 值相等；当 K 值较小时，$\alpha < 1$，D 值小于 d 值。因此，α 称为柱抗侧刚度修正系数。

对于边柱，令 $i_1 = i_3 = 0$（或 $i_2 = i_4 = 0$），可得

$$K = \frac{i_2 + i_4}{2i_c} \tag{4.27}$$

对于框架的底层柱，由于底端为固定支座，无转角，亦可采取类似方法推导，过程不再赘述，所得底层柱的 K 值及 α 值不同于上层柱。

现将框架中常用各种情况的 K 值及 α 值的计算公式列于表 4.2 中，以便应用。

表 4.2 　　　　　　　　　　　　　　　**柱抗侧刚度修正系数**

楼层	简　图	K	α
一般柱		$K = \dfrac{i_1 + i_2 + i_3 + i_4}{2i_c}$	$\alpha = \dfrac{K}{K+2}$
底层柱		$K = \dfrac{i_1 + i_2}{i_c}$	$\alpha = \dfrac{K+0.5}{K+2}$

有了 D 值以后，与反弯点法类似，假定同一楼层各柱的侧移相等，可得各柱的剪力：

$$V_{ij} = \frac{D_{ij}}{\sum D_{ij}} V_{pj} \tag{4.28}$$

式中：V_{ij} 为第 j 层第 i 柱的剪力；D_{ij} 为第 j 层第 i 柱的 D 值；$\sum D_{ij}$ 为第 j 层所有柱 D 值的总和；V_{pj} 为第 j 层由外荷载引起的总剪力。

3.2 修正反弯点高度

影响柱反弯点高度的主要因素是柱上下端的约束条件。由图 4.14 可见，当柱两端约束条件为固定或两端转角完全相等（即柱两端的约束刚度相等）时，柱端弯矩相等，其反弯点位于柱子中点。当两端约束刚度不相同时，柱两端的转角就不相等，反弯点将向转角较大的一端移动，也就是移向约束刚度较小的一端，当一端为铰结时（约束刚度为 0），该端弯矩为 0，反弯点与该端铰重合。

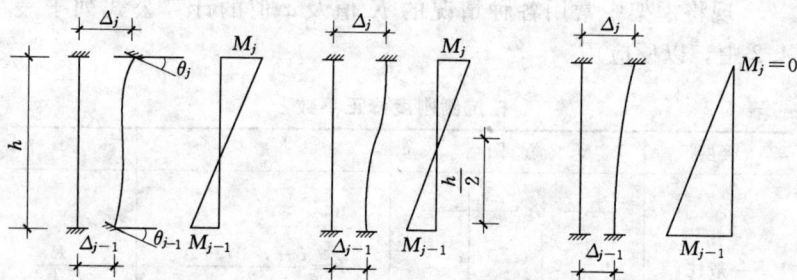

图 4.14 柱上下端约束条件对反弯点高度的影响

分析表明，影响柱两端约束刚度的主要因素有以下几项：
（1）结构总层数及该层所在位置。
（2）梁柱线刚度比。
（3）荷载形式。
（4）上层与下层梁刚度比。
（5）上、下层层高变化。
对于承受节点水平荷载作用的框架，可做如下假定。
假定 1：同层各节点的转角相等。

假定 2：各层横梁中点无竖向位移。

由假定 1，横梁的反弯点在梁的中点，因而此处可以加上一个铰；再由假定 2，此处无竖向位移，图 4.15（a）的框架可以简化为图 4.15（b）所示的形式。

在该计算简图的基础上，可以采用力法，以柱下端弯矩为未知量，建立基本方程，从而求解得到柱下端弯矩，进而可按下式计算反弯点高度比：

$$y_j = \frac{M_j}{V_j h_j}$$

式中：y_j 为第 j 层柱的反弯点高度比；M_j 为第 j 层柱的下端弯矩；V_j 为第 j 层柱中的剪力；h_j 为第 j 层的层高。

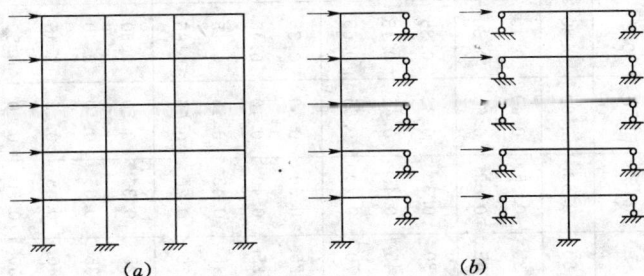

图 4.15　框架在水平荷载下的简化计算简图

分别考虑影响反弯点高度的各种因素，通过力学计算，即可得出各种情况下，柱中的反弯点高度比。下面分别给出相应的结论。

1. 梁柱线刚度比、层数和层次对反弯点高度的影响

假定框架各层横梁的线刚度、框架柱的线刚度和层高沿框架高度不变（此时亦称为规则框架），仅考虑梁柱线刚度比、层数和层次对反弯点高度的影响，可以求得各层柱的标准反弯点高度比 y_0（反弯点高度与层高的比值）。应用时可根据荷载类型直接按照 n、j、K 查表 4.3（均布水平荷载作用）和表 4.4（倒三角形水平荷载作用）取值。

表 4.3　规则框架承受均布水平荷载作用时标准反弯点高度比 y_0

n	j	K 0.1	0.2	0.3	0.4	0.5	0.6	0.7	0.8	0.9	1.0	2.0	3.0	4.0	5.0
1	1	0.80	0.75	0.70	0.65	0.65	0.60	0.60	0.60	0.60	0.55	0.55	0.55	0.55	0.55
2	2	0.45	0.40	0.35	0.35	0.35	0.35	0.40	0.40	0.40	0.40	0.45	0.45	0.45	0.45
	1	0.95	0.80	0.75	0.70	0.65	0.65	0.65	0.60	0.60	0.60	0.55	0.55	0.55	0.50
3	3	0.15	0.20	0.20	0.25	0.30	0.30	0.30	0.35	0.35	0.35	0.40	0.45	0.45	0.45
	2	0.55	0.50	0.45	0.45	0.45	0.45	0.45	0.45	0.45	0.45	0.45	0.50	0.50	0.50
	1	1.00	0.85	0.80	0.75	0.70	0.70	0.65	0.65	0.60	0.60	0.55	0.55	0.55	0.55
4	4	-0.05	0.05	0.15	0.20	0.25	0.30	0.30	0.30	0.35	0.35	0.40	0.45	0.45	0.45
	3	0.25	0.30	0.30	0.35	0.35	0.40	0.40	0.40	0.40	0.40	0.45	0.45	0.50	0.50
	2	0.65	0.55	0.50	0.50	0.45	0.45	0.45	0.45	0.45	0.45	0.50	0.50	0.50	0.50
	1	1.10	0.90	0.80	0.75	0.70	0.70	0.65	0.65	0.65	0.60	0.55	0.55	0.55	0.55
5	5	-0.20	0.00	0.15	0.20	0.25	0.30	0.30	0.30	0.35	0.35	0.40	0.45	0.45	0.45
	4	0.10	0.20	0.25	0.30	0.35	0.35	0.40	0.40	0.40	0.40	0.45	0.45	0.50	0.50
	3	0.40	0.40	0.40	0.40	0.40	0.45	0.45	0.45	0.45	0.45	0.50	0.50	0.50	0.50
	2	0.65	0.55	0.50	0.50	0.50	0.50	0.50	0.50	0.50	0.50	0.50	0.50	0.50	0.50
	1	1.20	0.95	0.80	0.75	0.75	0.70	0.70	0.65	0.65	0.65	0.55	0.55	0.55	0.55

续表

n	j	0.1	0.2	0.3	0.4	0.5	0.6	0.7	0.8	0.9	1.0	2.0	3.0	4.0	5.0
6	6	−0.30	0.00	0.10	0.20	0.25	0.25	0.30	0.30	0.35	0.35	0.40	0.45	0.45	0.45
	5	0.00	0.20	0.25	0.30	0.35	0.35	0.40	0.40	0.40	0.40	0.45	0.45	0.50	0.50
	4	0.20	0.30	0.35	0.35	0.40	0.40	0.40	0.45	0.45	0.45	0.45	0.50	0.50	0.50
	3	0.40	0.40	0.40	0.45	0.45	0.45	0.45	0.45	0.45	0.45	0.50	0.50	0.50	0.50
	2	0.70	0.60	0.55	0.50	0.50	0.50	0.50	0.50	0.50	0.50	0.50	0.50	0.50	0.50
	1	1.20	0.95	0.85	0.80	0.75	0.70	0.70	0.65	0.65	0.65	0.55	0.55	0.55	0.55
7	7	−0.35	−0.05	0.10	0.20	0.20	0.25	0.30	0.30	0.35	0.35	0.40	0.45	0.45	0.45
	6	−0.10	0.15	0.25	0.30	0.35	0.35	0.35	0.40	0.40	0.40	0.45	0.45	0.50	0.50
	5	0.10	0.25	0.30	0.35	0.40	0.40	0.40	0.45	0.45	0.45	0.45	0.50	0.50	0.50
	4	0.30	0.35	0.40	0.45	0.40	0.45	0.45	0.45	0.45	0.45	0.50	0.50	0.50	0.50
	3	0.50	0.45	0.45	0.50	0.45	0.45	0.45	0.45	0.50	0.45	0.50	0.50	0.50	0.50
	2	0.75	0.60	0.55	0.50	0.50	0.50	0.50	0.50	0.50	0.50	0.55	0.55	0.55	0.55
	1	1.20	0.95	0.85	0.80	0.75	0.70	0.70	0.65	0.65	0.65	0.55	0.55	0.55	0.55
8	8	−0.35	−0.15	0.10	0.15	0.25	0.25	0.30	0.30	0.35	0.35	0.40	0.45	0.45	0.45
	7	−0.10	0.15	0.25	0.30	0.35	0.35	0.40	0.40	0.40	0.40	0.45	0.50	0.50	0.50

续表

n	j	K 0.1	0.2	0.3	0.4	0.5	0.6	0.7	0.8	0.9	1.0	2.0	3.0	4.0	5.0
8	6	0.05	0.25	0.30	0.35	0.40	0.40	0.40	0.45	0.45	0.45	0.45	0.50	0.50	0.50
	5	0.20	0.30	0.35	0.40	0.40	0.45	0.45	0.45	0.45	0.45	0.50	0.50	0.50	0.50
	4	0.35	0.40	0.40	0.45	0.45	0.45	0.45	0.45	0.45	0.45	0.50	0.50	0.50	0.50
	3	0.50	0.45	0.45	0.45	0.45	0.45	0.45	0.45	0.50	0.50	0.50	0.50	0.50	0.50
	2	0.75	0.60	0.55	0.55	0.50	0.50	0.50	0.50	0.50	0.50	0.50	0.50	0.50	0.50
	1	1.20	1.00	0.85	0.80	0.75	0.70	0.70	0.65	0.65	0.65	0.55	0.55	0.55	0.55
9	9	−0.40	−0.05	0.10	0.20	0.25	0.25	0.30	0.30	0.35	0.35	0.45	0.45	0.45	0.45
	8	−0.15	0.15	0.25	0.30	0.35	0.35	0.35	0.40	0.40	0.40	0.45	0.45	0.50	0.50
	7	0.05	0.25	0.30	0.35	0.40	0.40	0.40	0.45	0.45	0.45	0.45	0.50	0.50	0.50
	6	0.15	0.30	0.35	0.40	0.40	0.45	0.45	0.45	0.45	0.45	0.50	0.50	0.50	0.50
	5	0.25	0.35	0.40	0.40	0.45	0.45	0.45	0.45	0.45	0.45	0.50	0.50	0.50	0.50
	4	0.40	0.40	0.40	0.45	0.45	0.45	0.45	0.45	0.50	0.50	0.50	0.50	0.50	0.50
	3	0.55	0.45	0.45	0.45	0.45	0.45	0.45	0.50	0.50	0.50	0.50	0.50	0.50	0.50
	2	0.80	0.65	0.55	0.55	0.50	0.50	0.50	0.50	0.50	0.50	0.50	0.50	0.50	0.50
	1	1.20	1.00	0.85	0.80	0.75	0.70	0.70	0.65	0.65	0.65	0.55	0.55	0.55	0.55

续表

n	j	K 0.1	0.2	0.3	0.4	0.5	0.6	0.7	0.8	0.9	1.0	2.0	3.0	4.0	5.0
	10	−0.40	−0.05	0.10	0.20	0.25	0.30	0.30	0.30	0.35	0.35	0.40	0.45	0.45	0.45
	9	−0.15	0.15	0.25	0.30	0.35	0.35	0.40	0.40	0.40	0.40	0.45	0.45	0.50	0.50
	8	0.00	0.25	0.30	0.35	0.40	0.40	0.40	0.45	0.45	0.45	0.45	0.50	0.50	0.50
	7	0.10	0.30	0.35	0.40	0.40	0.40	0.45	0.45	0.45	0.45	0.50	0.50	0.50	0.50
	6	0.20	0.35	0.40	0.40	0.45	0.45	0.45	0.45	0.45	0.45	0.50	0.50	0.50	0.50
10	5	0.30	0.40	0.40	0.45	0.45	0.45	0.45	0.45	0.45	0.45	0.50	0.50	0.50	0.50
	4	0.40	0.40	0.45	0.45	0.45	0.45	0.45	0.45	0.45	0.50	0.50	0.50	0.50	0.50
	3	0.55	0.50	0.45	0.45	0.45	0.50	0.50	0.50	0.50	0.50	0.50	0.50	0.50	0.50
	2	0.80	0.65	0.55	0.55	0.55	0.50	0.50	0.50	0.50	0.50	0.50	0.50	0.50	0.50
	1	1.30	1.00	0.85	0.80	0.75	0.70	0.70	0.65	0.65	0.65	0.60	0.55	0.55	0.55
	11	−0.40	−0.05	0.10	0.20	0.25	0.30	0.30	0.30	0.35	0.35	0.40	0.45	0.45	0.45
	10	−0.15	0.15	0.25	0.30	0.35	0.35	0.40	0.40	0.40	0.40	0.45	0.45	0.50	0.50
11	9	0.00	0.25	0.30	0.35	0.40	0.40	0.40	0.45	0.45	0.45	0.45	0.50	0.50	0.50
	8	0.10	0.30	0.35	0.40	0.40	0.45	0.45	0.45	0.45	0.45	0.50	0.50	0.50	0.50
	7	0.20	0.35	0.40	0.45	0.45	0.45	0.45	0.45	0.45	0.45	0.50	0.50	0.50	0.50
	6	0.25	0.35	0.40	0.45	0.45	0.45	0.45	0.45	0.45	0.45	0.50			

续表

n	j	0.1	0.2	0.3	0.4	0.5	0.6	0.7	0.8	0.9	1.0	2.0	3.0	4.0	5.0
11	5	0.35	0.40	0.40	0.45	0.45	0.45	0.45	0.45	0.45	0.50	0.50	0.50	0.50	0.50
	4	0.40	0.45	0.45	0.45	0.45	0.45	0.45	0.50	0.50	0.50	0.50	0.50	0.50	0.50
	3	0.55	0.50	0.50	0.50	0.50	0.50	0.50	0.50	0.50	0.50	0.50	0.50	0.50	0.50
	2	0.80	0.65	0.60	0.55	0.55	0.50	0.50	0.50	0.50	0.50	0.50	0.50	0.50	0.50
	1	1.30	1.00	0.85	0.80	0.75	0.70	0.70	0.65	0.65	0.65	0.60	0.55	0.55	0.55
12层及以上	→1	-0.40	-0.05	0.10	0.20	0.25	0.30	0.30	0.30	0.35	0.35	0.40	0.45	0.45	0.45
	2	-0.15	0.15	0.25	0.30	0.35	0.35	0.40	0.40	0.40	0.40	0.45	0.45	0.50	0.50
	3	0.00	0.25	0.30	0.35	0.40	0.40	0.40	0.45	0.45	0.45	0.50	0.50	0.50	0.50
	4	0.10	0.30	0.35	0.40	0.40	0.45	0.45	0.45	0.45	0.45	0.50	0.50	0.50	0.50
	5	0.20	0.35	0.40	0.40	0.45	0.45	0.45	0.45	0.45	0.45	0.50	0.50	0.50	0.50
	6	0.25	0.35	0.40	0.45	0.45	0.45	0.45	0.45	0.45	0.45	0.50	0.50	0.50	0.50
	7	0.30	0.40	0.40	0.45	0.45	0.45	0.45	0.45	0.50	0.50	0.50	0.50	0.50	0.50
	8	0.35	0.40	0.45	0.45	0.45	0.45	0.50	0.50	0.50	0.50	0.50	0.50	0.50	0.50
	中间层	0.40	0.45	0.45	0.45	0.50	0.50	0.50	0.50	0.50	0.50	0.50	0.50	0.50	0.50
	4	0.45	0.50	0.50	0.50	0.50	0.50	0.50	0.50	0.50	0.50	0.50	0.50	0.50	0.50
	3	0.60	0.55	0.50	0.50	0.50	0.50	0.50	0.50	0.50	0.50	0.50	0.50	0.50	0.50
	2	0.80	0.65	0.60	0.55	0.55	0.50	0.50	0.50	0.50	0.50	0.50	0.50	0.50	0.55
	←1	1.30	1.00	0.85	0.80	0.75	0.70	0.70	0.65	0.65	0.65	0.55	0.55	0.55	0.55

表 4.4　规则框架承受倒三角形分布水平荷载作用时标准反弯点高度比 y_0

n	j	0.1	0.2	0.3	0.4	0.5	0.6	0.7	0.8	0.9	1.0	2.0	3.0	4.0	5.0
1	1	0.80	0.75	0.70	0.65	0.65	0.60	0.60	0.60	0.60	0.55	0.55	0.55	0.55	0.55
2	2	0.50	0.45	0.40	0.40	0.40	0.40	0.40	0.40	0.40	0.45	0.45	0.45	0.45	0.50
	1	1.00	0.85	0.75	0.70	0.70	0.65	0.65	0.65	0.60	0.60	0.55	0.55	0.55	0.55
3	3	0.25	0.25	0.25	0.30	0.30	0.35	0.35	0.35	0.40	0.40	0.45	0.45	0.45	0.50
	2	0.60	0.50	0.50	0.50	0.50	0.45	0.45	0.45	0.45	0.45	0.50	0.50	0.50	0.50
	1	1.15	0.90	0.80	0.75	0.75	0.70	0.70	0.65	0.65	0.65	0.60	0.55	0.55	0.55
4	4	0.10	0.15	0.20	0.25	0.30	0.30	0.35	0.35	0.35	0.40	0.45	0.45	0.45	0.45
	3	0.35	0.35	0.35	0.40	0.40	0.40	0.40	0.45	0.45	0.45	0.50	0.50	0.50	0.50
	2	0.70	0.60	0.55	0.50	0.50	0.50	0.50	0.50	0.50	0.50	0.50	0.50	0.50	0.50
	1	1.20	0.95	0.85	0.80	0.75	0.70	0.70	0.70	0.65	0.65	0.55	0.55	0.55	0.55
5	5	−0.05	0.10	0.20	0.25	0.30	0.30	0.35	0.35	0.35	0.35	0.40	0.45	0.45	0.45
	4	0.20	0.25	0.35	0.35	0.40	0.40	0.40	0.40	0.40	0.45	0.45	0.50	0.50	0.50
	3	0.45	0.40	0.45	0.45	0.40	0.50	0.45	0.45	0.45	0.50	0.50	0.50	0.50	0.50
	2	0.75	0.60	0.55	0.55	0.50	0.50	0.50	0.50	0.50	0.50	0.50	0.50	0.50	0.50
	1	1.30	1.00	0.85	0.80	0.75	0.70	0.70	0.65	0.65	0.65	0.65	0.55	0.55	0.55

续表

n	K／j	0.1	0.2	0.3	0.4	0.5	0.6	0.7	0.8	0.9	1.0	2.0	3.0	4.0	5.0
6	6	−0.15	0.05	0.15	0.20	0.25	0.30	0.30	0.35	0.35	0.35	0.40	0.45	0.45	0.45
	5	0.10	0.25	0.30	0.35	0.35	0.40	0.40	0.40	0.45	0.45	0.45	0.50	0.50	0.50
	4	0.30	0.35	0.40	0.40	0.45	0.45	0.45	0.45	0.45	0.45	0.50	0.50	0.50	0.50
	3	0.50	0.45	0.45	0.45	0.45	0.45	0.45	0.45	0.45	0.50	0.50	0.50	0.50	0.50
	2	0.80	0.65	0.55	0.55	0.55	0.55	0.50	0.50	0.50	0.50	0.50	0.50	0.50	0.50
	1	1.30	1.00	0.85	0.80	0.75	0.70	0.70	0.65	0.65	0.65	0.65	0.55	0.55	0.55
7	7	−0.20	0.05	0.15	0.20	0.25	0.30	0.30	0.35	0.35	0.35	0.45	0.45	0.45	0.45
	6	0.05	0.20	0.30	0.35	0.35	0.40	0.40	0.40	0.40	0.45	0.45	0.50	0.50	0.50
	5	0.20	0.30	0.35	0.40	0.40	0.45	0.45	0.45	0.45	0.45	0.50	0.50	0.50	0.50
	4	0.35	0.40	0.40	0.45	0.45	0.45	0.45	0.45	0.45	0.45	0.50	0.50	0.50	0.50
	3	0.55	0.50	0.50	0.50	0.50	0.50	0.50	0.50	0.50	0.50	0.50	0.50	0.50	0.50
	2	0.80	0.65	0.60	0.55	0.55	0.55	0.50	0.50	0.50	0.50	0.50	0.50	0.50	0.50
	1	1.30	1.00	0.90	0.80	0.75	0.70	0.70	0.70	0.65	0.65	0.60	0.55	0.55	0.55

续表

n	j \ K	0.1	0.2	0.3	0.4	0.5	0.6	0.7	0.8	0.9	1.0	2.0	3.0	4.0	5.0
8	8	-0.20	0.05	0.15	0.20	0.25	0.30	0.30	0.35	0.35	0.35	0.45	0.45	0.45	0.45
	7	0.00	0.20	0.30	0.35	0.35	0.40	0.40	0.40	0.40	0.45	0.45	0.50	0.50	0.50
	6	0.15	0.30	0.35	0.40	0.40	0.45	0.45	0.45	0.45	0.45	0.50	0.50	0.50	0.50
	5	0.30	0.45	0.40	0.45	0.45	0.45	0.45	0.45	0.45	0.45	0.50	0.50	0.50	0.50
	4	0.40	0.45	0.45	0.45	0.45	0.45	0.45	0.50	0.50	0.50	0.50	0.50	0.50	0.50
	3	0.60	0.50	0.50	0.50	0.50	0.55	0.50	0.50	0.50	0.50	0.50	0.50	0.50	0.50
	2	0.85	0.65	0.60	0.55	0.55	0.55	0.50	0.50	0.50	0.50	0.50	0.50	0.50	0.50
	1	1.30	1.00	0.90	0.80	0.75	0.70	0.70	0.70	0.65	0.65	0.60	0.55	0.55	0.55
9	9	-0.25	0.00	0.15	0.20	0.25	0.30	0.30	0.35	0.35	0.40	0.45	0.45	0.45	0.45
	8	0.00	0.20	0.30	0.35	0.35	0.40	0.40	0.40	0.40	0.45	0.45	0.50	0.50	0.50
	7	0.15	0.30	0.35	0.40	0.40	0.45	0.45	0.45	0.45	0.45	0.50	0.50	0.50	0.50
	6	0.25	0.35	0.40	0.40	0.45	0.45	0.45	0.45	0.45	0.50	0.50	0.50	0.50	0.50
	5	0.35	0.40	0.45	0.45	0.45	0.45	0.45	0.45	0.50	0.50	0.50	0.50	0.50	0.50
	4	0.45	0.45	0.45	0.45	0.45	0.50	0.50	0.50	0.50	0.50	0.50	0.50	0.50	0.50
	3	0.65	0.50	0.50	0.50	0.50	0.50	0.50	0.50	0.50	0.50	0.50	0.50	0.50	0.50

续表

n	K / j	0.1	0.2	0.3	0.4	0.5	0.6	0.7	0.8	0.9	1.0	2.0	3.0	4.0	5.0
9	2	0.80	0.65	0.60	0.55	0.55	0.55	0.55	0.50	0.50	0.50	0.50	0.50	0.50	0.50
	1	1.35	1.00	1.00	0.80	0.75	0.70	0.70	0.70	0.65	0.65	0.60	0.55	0.55	0.55
10	10	−0.25	0.00	0.15	0.20	0.25	0.30	0.30	0.35	0.35	0.40	0.45	0.45	0.45	0.45
	9	−0.05	0.20	0.30	0.35	0.35	0.40	0.40	0.40	0.40	0.45	0.45	0.50	0.50	0.50
	8	0.10	0.30	0.35	0.40	0.40	0.40	0.45	0.45	0.45	0.45	0.50	0.50	0.50	0.50
	7	0.20	0.35	0.40	0.40	0.45	0.45	0.45	0.45	0.45	0.50	0.50	0.50	0.50	0.50
	6	0.30	0.40	0.40	0.45	0.45	0.45	0.45	0.45	0.45	0.50	0.50	0.50	0.50	0.50
	5	0.40	0.45	0.45	0.45	0.45	0.45	0.45	0.50	0.50	0.50	0.50	0.50	0.50	0.50
	4	0.50	0.45	0.45	0.45	0.45	0.50	0.45	0.50	0.50	0.50	0.50	0.50	0.50	0.50
	3	0.60	0.55	0.50	0.50	0.50	0.50	0.50	0.50	0.50	0.50	0.50	0.50	0.50	0.50
	2	0.85	0.65	0.60	0.55	0.55	0.55	0.55	0.50	0.50	0.50	0.50	0.50	0.50	0.50
	1	1.35	1.00	0.90	0.80	0.75	0.70	0.70	0.70	0.65	0.65	0.60	0.55	0.55	0.55
11	11	−0.25	0.00	0.15	0.20	0.25	0.30	0.30	0.30	0.35	0.35	0.45	0.45	0.45	0.45
	10	−0.05	0.20	0.25	0.30	0.35	0.40	0.40	0.40	0.40	0.45	0.45	0.50	0.50	0.50
	9	0.10	0.30	0.35	0.40	0.40	0.40	0.45	0.45	0.45	0.45	0.50	0.50	0.50	0.50

续表

n	K/j	0.1	0.2	0.3	0.4	0.5	0.6	0.7	0.8	0.9	1.0	2.0	3.0	4.0	5.0
11	8	0.20	0.35	0.40	0.40	0.45	0.45	0.45	0.45	0.45	0.45	0.50	0.50	0.50	0.50
	7	0.25	0.40	0.40	0.45	0.45	0.45	0.45	0.45	0.45	0.50	0.50	0.50	0.50	0.50
	6	0.35	0.40	0.45	0.45	0.45	0.45	0.45	0.50	0.50	0.50	0.50	0.50	0.50	0.50
	5	0.40	0.45	0.45	0.45	0.45	0.50	0.50	0.50	0.50	0.50	0.50	0.50	0.50	0.50
	4	0.50	0.50	0.50	0.50	0.50	0.50	0.50	0.50	0.50	0.50	0.50	0.50	0.50	0.50
	3	0.65	0.55	0.50	0.50	0.50	0.50	0.50	0.50	0.50	0.50	0.50	0.50	0.50	0.50
	2	0.85	0.65	0.60	0.55	0.55	0.55	0.55	0.50	0.50	0.50	0.50	0.50	0.50	0.50
	1	1.35	1.05	0.90	0.80	0.75	0.70	0.70	0.70	0.65	0.65	0.60	0.55	0.55	0.55
12 层及以上	1	−0.30	0.00	0.15	0.20	0.25	0.30	0.30	0.30	0.35	0.35	0.40	0.45	0.45	0.45
	2	−0.10	0.20	0.25	0.30	0.35	0.40	0.40	0.40	0.40	0.40	0.45	0.45	0.45	0.50
	3	0.05	0.25	0.35	0.40	0.40	0.45	0.45	0.45	0.45	0.45	0.45	0.50	0.50	0.50
	4	0.15	0.30	0.40	0.40	0.45	0.45	0.45	0.45	0.45	0.45	0.50	0.50	0.50	0.50
	5	0.25	0.35	0.40	0.45	0.45	0.45	0.45	0.45	0.50	0.45	0.50	0.50	0.50	0.50
	6	0.30	0.40	0.40	0.45	0.45	0.45	0.45	0.50	0.50	0.50	0.50	0.50	0.50	0.50
	7	0.35	0.40	0.40	0.45	0.45	0.45	0.50	0.50	0.50	0.50	0.50	0.50	0.50	0.50

续表

n	j	K=0.1	0.2	0.3	0.4	0.5	0.6	0.7	0.8	0.9	1.0	2.0	3.0	4.0	5.0
12层及以上	8	0.35	0.45	0.45	0.45	0.50	0.50	0.50	0.50	0.50	0.50	0.50	0.50	0.50	0.50
	中间层 4	0.45	0.45	0.45	0.45	0.50	0.50	0.50	0.50	0.50	0.50	0.50	0.50	0.50	0.50
	3	0.55	0.50	0.50	0.50	0.50	0.50	0.50	0.50	0.50	0.50	0.50	0.50	0.50	0.50
	2	0.70	0.70	0.60	0.55	0.55	0.55	0.55	0.50	0.50	0.50	0.50	0.50	0.50	0.50
	↓1	1.35	1.05	0.90	0.80	0.75	0.70	0.70	0.70	0.65	0.65	0.60	0.55	0.55	0.55

表 4.5　上下层横梁线刚度比对 y_0 的修正值 y_1

I＼K	0.1	0.2	0.3	0.4	0.5	0.6	0.7	0.8	0.9	1.0	2.0	3.0	4.0	5.0
0.4	0.55	0.40	0.30	0.25	0.20	0.20	0.20	0.15	0.15	0.15	0.05	0.05	0.05	0.05
0.5	0.45	0.30	0.20	0.20	0.15	0.15	0.15	0.10	0.10	0.10	0.05	0.05	0.05	0.05
0.6	0.30	0.20	0.15	0.15	0.10	0.10	0.10	0.10	0.05	0.05	0.05	0.05	0	0
0.7	0.20	0.15	0.10	0.10	0.10	0.10	0.05	0.05	0.05	0.05	0.05	0	0	0
0.8	0.15	0.10	0.05	0.05	0.05	0	0.05	0.05	0.05	0	0	0	0	0
0.9	0.05	0.05	0.05	0.05	0	0	0	0	0	0	0	0	0	0

表 4.6　上下层高变化对 y_0 的修正值 y_2 和 y_3

α_2	α_3	0.1	0.2	0.3	0.4	0.5	0.6	0.7	0.8	0.9	1.0	2.0	3.0	4.0
2.0	0.4	0.25	0.15	0.15	0.10	0.10	0.10	0.10	0.10	0.05	0.05	0.05	0.05	0.0
1.8	0.6	0.20	0.15	0.10	0.10	0.10	0.05	0.05	0.05	0.05	0.05	0.05	0.0	0.0
1.6	0.8	0.15	0.10	0.10	0.05	0.05	0.05	0.05	0.05	0.05	0.05	0.0	0.0	0.0
1.4	1.0	0.10	0.05	0.05	0.05	0.05	0.05	0.05	0.05	0.05	0.0	0.0	0.0	0.0
1.2	1.2	0.05	0.05	0.05	0.0	0.0	0.0	0.0	0.0	0.0	0.0	0.0	0.0	0.0
1.0	1.4	0.0	0.0	0.0	0.0	0.0	0.0	0.0	0.0	0.0	0.0	0.0	0.0	0.0
0.8	1.6	−0.05	−0.05	−0.05	−0.05	−0.05	−0.05	−0.05	−0.05	−0.05	0.0	0.0	0.0	0.0
0.6	1.8	−0.10	−0.05	−0.05	−0.05	−0.05	−0.05	−0.05	−0.05	−0.05	−0.05	0.0	0.0	0.0
0.4	2.0	−0.25	−0.15	−0.15	−0.10	−0.10	−0.10	−0.10	−0.10	−0.05	−0.05	−0.05	−0.05	0.0

2. 上下横梁线刚度比对反弯点高度的影响

假定上层左右侧横梁的线刚度分别为 i_1、i_2，下层左右侧横梁的线刚度分别为 i_3、i_4。当上层横梁线刚度比下层小时，反弯点上移；反之下移。反弯点高度比的变化以 y_1 表示，正号代表向上移动。y_1 可根据上下横梁线刚度比 I 和 K 查表 4.5 取值，其中 $I = \dfrac{i_1 + i_2}{i_3 + i_4}$。当 $I > 1$ 时，取 $1/I$ 并查表 4.5，将查得的 y_1 冠以负号。对于底层柱，不考虑修正值 y_1，即取 $y_1 = 0$。

3. 层高变化对反弯点高度的影响

若上下层层高与某柱所在层的层高不同，该柱的反弯点位置将不同于标准反弯点高度。令上层层高和本层层高之比 $h_{i+1}/h_i = \alpha_2$，下层层高和本层层高之比 $h_{i-1}/h_i = \alpha_3$，上层层高发生变化，反弯点高度比的变化以 y_2 表示；下层层高发生变化，反弯点高度比的变化以 y_3 表示，则 y_2、y_3 可根据 α_2、α_3 及 K 查表 4.6 得到。对于顶层柱，不考虑修正值 y_2；对于底层柱，不考虑修正值 y_3。

经过各项修正后，柱底到反弯点的高度 h_f 为

$$h_f = yh = (y_0 + y_1 + y_2 + y_3)h \tag{4.29}$$

根据式（4.26）求得各柱的抗侧刚度，并按式（4.29）求得各柱的反弯点高度之后，即可按反弯点法的步骤求出各柱的剪力、弯矩和轴力，以及梁的弯矩和剪力。

第 4 节　水平荷载作用下的悬臂梁法

对于高而窄的框架，在水平荷载作用下，其变形类似于长悬臂梁受横向力作用，以整体弯曲变形为主，柱的轴向变形不可忽略。对于此类框架，在初步计算时，可按悬臂梁法先近似求得柱内轴力，再依次求解剪力和弯矩。

4.1　悬臂梁法的基本假定

悬臂梁法计算中采用如下假定。

假定 1：某水平面上各柱的轴向力与其到该层全部柱横截面

面积的形心的距离成正比。

假定 2：梁柱反弯点分别位于梁柱的中点。

此时，框架的计算简图如图 4.16 所示。

4.2　悬臂梁法求解步骤

悬臂梁法求解步骤如下：

（1）取分层隔离体求该层全部柱横截面面积形心位置，形心轴两侧分别承受拉力和压力，按各柱截面到形心的距离确定各柱轴力比，只含一个未知力。

（2）分层隔离体上的外力矩等于各柱轴力构成的内力矩，由此解得未知力，从而确定各柱轴力。

（3）取各反弯点间节点为隔离体，依次利用平衡条件求各反弯点处轴力和剪力，如图 4.17 所示。在图 4.17 中，F_n 为外力，N_A 为已经求得的柱轴力，因而可以根据静力平衡方程求出其余 3 个未知力。

（4）根据剪力求得杆端弯矩。

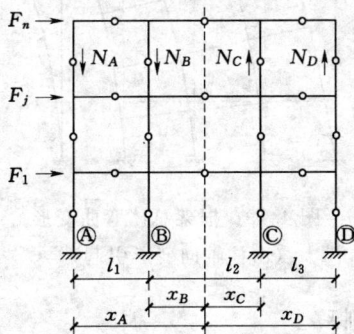

图 4.16　悬臂梁法计算简图　　　图 4.17　悬臂梁法节点单元计算简图

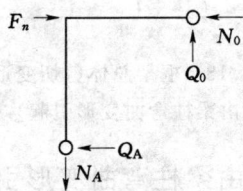

第 5 节　侧　移　计　算

框架结构的侧移主要由水平荷载引起，故一般仅进行水平荷载下的侧移计算。

由结构力学知识可知，结构的位移由各杆件的弯曲变形、轴向变形和剪切变形引起（如果存在支座沉降或温度变化，也将产生结构位移）。框架结构属于杆系结构，截面尺寸相对其长度较小，因而可以不考虑杆件剪切变形的影响（对于剪力墙一类的构件，位移计算则必须考虑剪切变形的影响）。

框架结构在水平荷载作用下的变形主要由以下两部分组成：

（1）由梁、柱杆件的弯曲变形所引起的框架变形，它是由层间剪力引起的，其侧移曲线与悬臂梁的剪切变形曲线相似，故称为总体剪切变形，如图 4.18 所示。

（2）由框架柱中杆件轴力引起的柱伸长或压缩所导致的框架变形，它与悬臂梁的弯曲变形规律一致，故称为总体弯曲变形，如图 4.19 所示。

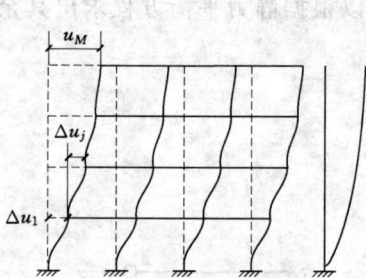

图 4.18　框架总体剪切变形
（由梁柱弯曲变形引起）

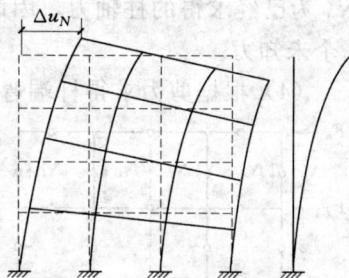

图 4.19　框架总体弯曲变形
（由柱轴向变形引起）

5.1　由梁柱弯曲变形引起的侧移

由框架梁柱弯曲变形引起的侧移如图 4.18 所示。顶点侧移 u_M 为各层层间侧移之和，即

$$u_M = \sum_{j=1}^{n} \Delta u_j \tag{4.30}$$

其中

$$\Delta u_j = \frac{V_{jk}}{D_{jk}} = \frac{V_{Fj}}{\sum\limits_{k=1}^{m} D_{jk}} \tag{4.31}$$

对于一般的框架结构，各层柱的抗侧刚度大致相等或较为接近，而层间剪力自上向下逐层增加，因而层间侧移呈现自上向下逐层增加的规律，从而使得整个结构的变形曲线表现为剪切型侧移曲线。

5.2　由柱轴向变形引起的侧移

由框架柱轴向变形引起的侧移如图 4.19 所示。杆件轴向变形引起的位移计算公式为

$$u_N = \sum \int_0^H \frac{N_1 N}{EA} \mathrm{d}z \tag{4.32}$$

式中：$\sum$ 为对所有柱子求和；N_1 为顶点作用单位水平力时在各柱内产生的轴力；N 为水平外荷载作用下的柱轴力；A 为柱的截面面积；E 为柱的弹性模量。

框架在水平荷载作用下，一侧的柱产生轴向拉力，另一侧的柱产生轴向压力；外侧柱的轴力大，内侧柱的轴力小。为了简化计算，通常忽略内侧柱的轴力，并近似取外侧柱轴力为

$$N = \pm \frac{M}{B} \tag{4.33}$$

式中：M 为上部水平荷载对任一高度处产生的弯矩；B 为外侧柱之间的距离。

当结构上作用有分布荷载 $q(y)$ 时，如图 4.20（a）所示，在高度 z 处，可以得到荷载作用下的弯矩：

$$M = \int_z^H q(y)\mathrm{d}y(y-z) \tag{4.34}$$

进而由式（4.33）可以得到高度 z 处荷载作用下的轴力：

$$N = \pm \int_z^H \frac{q(y)\mathrm{d}y(y-z)}{B} \tag{4.35}$$

当虚拟单位力作用于结构上时，如图 4.20（b）所示，可以计算得到高度 z 处的轴力：

$$N_1 = \pm \frac{1 \times (H-z)}{B} \tag{4.36}$$

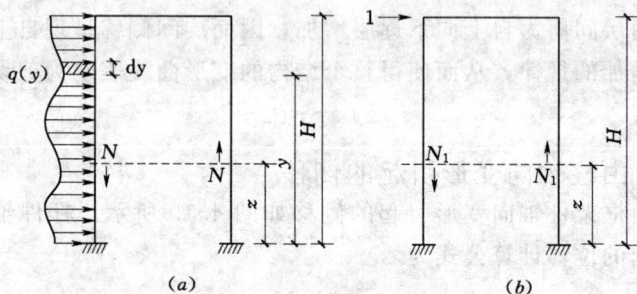

图 4.20　框架柱轴向变形引起的侧移计算

(a) 分布荷载作用下的计算简图；(b) 虚拟单位力作用下的计算简图

将式（4.35）和式（4.36）代入位移计算公式（4.32）即可得到顶点侧移。其计算结果与 $q(y)$ 的荷载形式有关。假定柱截面沿高度不变，对于框架受顶点集中水平荷载、均匀分布水平荷载和倒三角形分布荷载的作用，框架柱轴向变形引起的顶点侧移分别为

$$u_N = \begin{cases} \dfrac{2V_0 H^3}{3EAB^2} & \text{（顶点集中荷载）} \\[3mm] \dfrac{V_0 H^3}{4EAB^2} & \text{（均匀分布水平荷载）} \\[3mm] \dfrac{11V_0 H^3}{30EAB^2} & \text{（倒三角形分布荷载）} \end{cases} \quad (4.37)$$

式中：V_0 为水平外荷载在框架底面产生的总剪力。

从式（4.37）可以看出，当房屋高度越高（H 越大）、宽度越窄（B 越小），由柱轴向变形引起的顶点侧移 u_N 越大。计算表明，对于高度 $H \geqslant 50\text{m}$ 或高宽比 $H/B \leqslant 4$ 的结构，由柱轴向变形引起的侧移约为梁柱弯曲变形所引起的顶点侧移的 5% ～ 11%。

5.3　侧移的限值

框架结构的层间侧移过大将导致框架中的隔墙等非承重填充

表 4.7 框架结构的层间位移限值

高度（m）	$[\Delta u/h]$
$H \leqslant 150$	$1/550$
$150 < H < 250$	$\dfrac{1}{625 - H/2}$
$H \geqslant 250$	$1/500$

注 楼层层间最大位移 Δu 以楼层最大的水平位移差计算，不扣除整体弯曲变形。抗震设计时，式（4.38）中的楼层位移计算不考虑偶然偏心的影响。

构件开裂，因此应进行结构的侧移验算。结构侧向位移的验算要求层间位移满足下式规定：

$$\Delta u/h \leqslant [\Delta u/h] \qquad (4.38)$$

式中：h 为结构的层高；Δu 为按弹性计算方法计算得到的楼层层间位移；$[\Delta u/h]$ 为框架结构的层间位移限值，按表 4.7 取用。

第 6 节 重力二阶效应及结构稳定

6.1 框架结构的重力二阶效应

对于高层框架结构，其高宽比一般较大，当结构在水平风荷载或地震作用下产生水平位移时，由于侧移引起的竖向荷载的偏心又将对结构产生附加弯矩，而附加弯矩又会使结构的侧移进一步加大。这种由于水平位移导致竖向荷载对结构产生的内力与侧移增大的现象称为重力二阶效应（又称为 P - Δ 效应），如图 4.21 所示。如果由于侧移引起的内力增加最终能与竖向荷载相平衡，那么结构是稳定的，否则结构将出现因 P - Δ 效应引起的整体失稳破坏。

如果保持结构的平面布置和截面尺寸不变，那么随着建筑高度的增大，建筑高宽比会呈线性增大，结构自重也会增大，因而由于结构水平侧移导致的竖向荷载的二阶效应也会逐渐加大，并且其不利影响为非线性增长。图 4.22 给出了在风荷载作用下重力

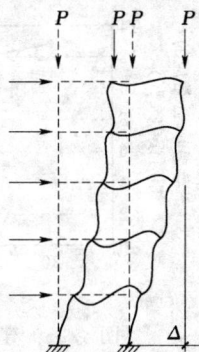

图 4.21 框架结构的 P - Δ 效应

二阶效应随建筑高度的变化趋势。

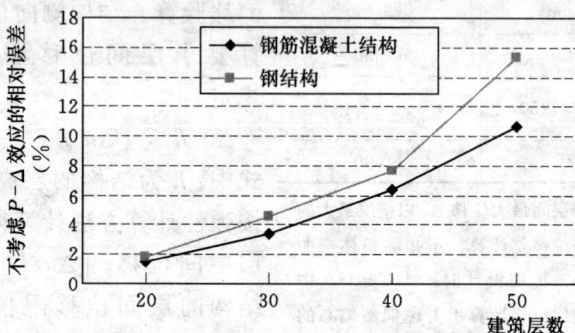

图 4.22　建筑高度对重力二阶效应的影响
（截面不变）

　　但是，我们应该注意到，结构高度增加后，为满足规范规定
的水平位移限值，结构的抗侧刚度也要相应提高，这又会削弱重
力二阶效应的不利影响。图 4.23 给出了风荷载作用下钢筋混凝
土结构在相同顶点位移限制下重力二阶效应随建筑高度的变化趋
势。由图 4.23 中可见，此时的建筑高度对于重力二阶响应的影
响并不显著，甚至还会出现负影响的情况。因而结构高度较低，
在满足规范的侧移要求下，并不意味着重力二阶效应一定小，这
一点应在设计时引起足够重视。

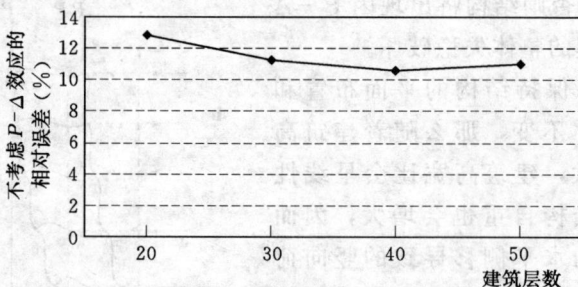

图 4.23　建筑高度对重力二阶效应的影响
（顶点位移限制）

由上述分析可见，不能单纯根据结构高度来确定重力二阶效应影响的大小。实际上 $P\text{-}\Delta$ 效应的影响因素主要是结构的侧向刚度和结构的自重。因而，限制结构的刚重比（结构的刚度与重力荷载之比）是控制重力二阶效应的有效途径。

6.2　可不考虑重力二阶效应的条件

在水平荷载作用下，当高层框架结构满足下列规定时，可不考虑重力二阶效应的不利影响：

$$D_i \geqslant 20\sum_{j=i}^{n}G_j/h_j \qquad (i=1,2,\cdots,n) \qquad (4.39)$$

式中：D_i 为第 i 层的弹性等效侧向刚度，可取该层剪力与层间位移的比值；G_j 为第 j 层的重力荷载设计值，应为仅考虑竖向荷载参与的基本组合设计值，详见本书第 5 章第 2 节 2.1；h_j 为第 j 层的层高；n 为结构计算总层数。

当结构的刚重比满足式（4.39）的条件时，按弹性分析的重力二阶效应对结构内力和位移的增量能控制在 5% 左右，若考虑到结构侧向刚度折减 50% 后，结构内力增量仍可控制在 10% 以内。此时，重力二阶效应的影响相对较小，可以忽略不计。

6.3　重力二阶效应计算方法

高层建筑结构若不满足式（4.39）的规定，应按以下方法考虑重力二阶效应对水平力作用下结构内力和位移的不利影响。

1. 增大系数法

重力二阶效应的计算方法很多，其中增大系数法是一种简单可行的考虑重力二阶效应的计算方法。该方法对未考虑重力二阶效应的计算结果直接乘以一个增大系数来近似考虑结构的二阶效应。

结构第 i 层的位移增大系数 F_{1i} 以及结构构件的弯矩和剪力增大系数 F_{2i} 可按式（4.40a）和式（4.40b）近似计算，增大后的位移计算结果仍应满足本章第 5 节 5.3 中对水平侧移限值的规定。

$$F_{1i} = \cfrac{1}{1 - \sum\limits_{j=i}^{n} G_j / (D_i h_i)} \qquad (i = 1, 2, \cdots, n) \qquad (4.40a)$$

$$F_{2i} = \cfrac{1}{1 - 2\sum\limits_{j=i}^{n} G_j / (D_i h_i)} \qquad (i = 1, 2, \cdots, n) \qquad (4.40b)$$

应用增大系数法时需注意：在位移计算时，不考虑结构刚度的折减；在内力计算时，结构构件的弹性刚度考虑 0.5 倍的折减系数，并且结构内力增量应控制在 20% 以内。

2. 弹性迭代法

弹性迭代法是目前一些计算程序普遍采用的方法，它的计算过程如下：

（1）计算结构在不考虑 P-Δ 效应时的水平荷载作用下的侧移 u^0。

（2）根据计算出的侧移按照式（4.41a）和式（4.41b）计算相应结构自重产生的附加弯矩 M_i，并计算出等价的附加水平力 P_i：

$$M_i = G_i u_i \qquad (i = 1, 2, \cdots, n) \qquad (4.41a)$$

$$P_i = \frac{G_i u_i}{h_i} \qquad (i = 1, 2, \cdots, n) \qquad (4.41b)$$

（3）将附加的水平荷载与原水平荷载叠加，重新求解，可以得到新的侧移 u^1。

（4）重复（2）、（3）步骤，直至迭代误差满足要求为止。

6.4　稳定验算

研究表明，高层建筑混凝土结构仅在竖向重力荷载作用下产生整体失稳的可能性很小。高层建筑结构的稳定设计主要是控制在风荷载或水平地震作用下，重力荷载产生的二阶效应不致过大而导致结构的失稳倒塌。刚重比是影响 P-Δ 效应的主要参数。因而高层框架结构的稳定控制要求结构的刚重比应符合下式规定：

$$D_i \geqslant 10 \sum_{j=i}^{n} G_j / h_i \qquad (i = 1, 2, \cdots, n) \qquad (4.42)$$

结构的刚重比满足式（4.42）的规定时，P-Δ 效应可控制在 20%之内，结构的稳定具有适宜的安全储备。若结构的刚重比进一步减小，则 P-Δ 效应将会呈非线性关系急剧增长，从而引起结构的整体失稳。

在结构设计中，如果结构的设计水平荷载比较小（如非地震区），那么由水平位移限值控制的结构刚度就有可能不满足式（4.42）的规定，此时，应调整并增大结构的侧向刚度。

第5章 设计内力

第1节 控 制 截 面

框架柱的弯矩沿柱高是呈线性变化的, 弯矩最大值在柱两端, 因此可取各层柱的上、下端截面作为控制截面。对于框架梁, 在水平荷载和竖向荷载共同作用下, 剪力沿梁轴线呈线性变化, 弯矩一般呈抛物线变化 (特指竖向分布荷载), 其两端截面往往是最大负弯矩和最大剪力作用处。因此, 除取梁的两端为控制截面外, 还应在跨间取最大正弯矩的截面为控制截面。为了计算简便, 不再用求极值的方法确定最大正弯矩控制截面, 而直接以梁的跨中截面作为控制截面。

注意: 跨中截面在有些情况下也可能会出现负弯矩。

由于内力分析时得到的梁弯矩和剪力都是轴线处的内力值, 但在进行构件设计或截面配筋时应采用构件端部截面的内力, 而不是轴线处的内力。由图 5.1 可见, 两端柱边的弯矩和剪力应按下式计算:

$$\left. \begin{array}{l} V' = V - q\dfrac{b}{2} \\ M' = M - V'\dfrac{b}{2} \end{array} \right\} \qquad (5.1)$$

式中: V'、M' 分别为柱边截面的剪力、弯矩; V、M 分别为内力计算得到的柱轴线处的剪力、弯矩; q 为作用于梁上

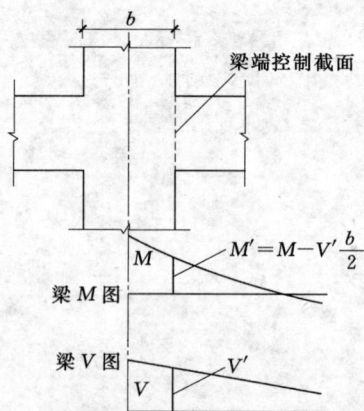

图 5.1 梁端控制截面的弯矩和剪力

的竖向均布荷载。

第 2 节　荷载效应组合（含地震作用）
与最不利内力

正如本书第 3 章所述，结构上作用有各种不同的荷载，在各种荷载单独作用下，我们可以计算得到结构构件各控制截面的内力，但是结构上的各种荷载并不可能同时按荷载标准值作用于结构上，因而结构在各种荷载共同作用下的内力并不能简单地进行叠加求和。多种荷载的共同作用应该按照一定的规则进行组合，这也就是荷载效应组合问题。

2.1　承载能力极限状态验算的荷载效应组合

结构或构件达到最大承载能力或者达到不适于继续承载的变形状态，称为承载能力极限状态。当结构或构件出现了下列情况之一时，即认为超过了承载能力极限状态：

（1）由于材料强度不够而破坏、因疲劳而破坏，或因产生过大的塑性变形而不能继续承载。

（2）结构或构件丧失稳定性。

（3）结构转变为机动体系。

（4）整个结构或结构的某一部分作为刚体失去平衡，如整体倾覆。

超过承载能力极限状态后，结构或构件就不能满足安全性的要求。

对于承载能力极限状态，应按荷载效应的基本组合进行荷载效应组合，非抗震设计时应采用式（5.2）进行设计：

$$\gamma_0 S \leqslant R \qquad (5.2)$$

式中：γ_0 为结构重要性系数，应根据安全等级或设计使用年限按表 5.1 取用；S 为荷载效应组合（基本组合）的设计值；R 为结构构件抗力的设计值。

表 5.1 结构构件的重要性系数 γ_0

类别	安全等级	设计使用年限 （年）	重要性系数 γ_0
混凝土结构	一级	$\geqslant 100$	$\geqslant 1.1$
	二级	50	$\geqslant 1.0$
	三级	$\leqslant 5$	$\geqslant 0.9$
砌体结构	一级	> 50	$\geqslant 1.1$
	二级	50	$\geqslant 1.0$
	三级	$1 \sim 5$	$\geqslant 0.9$
钢结构	一级	$\geqslant 100$	$\geqslant 1.1$
	二级	50	$\geqslant 1.0$
		25	$\geqslant 0.95$
	三级	5	$\geqslant 0.9$
木结构	一级并且设计使用年限不少于 100 年		$\geqslant 1.2$
	一级	$\geqslant 100$	$\geqslant 1.1$
	二级	50	$\geqslant 1.0$
		25	$\geqslant 0.95$
	三级	5	$\geqslant 0.9$

抗震设计时不考虑结构构件的重要性系数，应按照式（5.3）进行截面验算：

$$S \leqslant \frac{R}{\gamma_{RE}} \tag{5.3}$$

其他具体要求应按照本书第 6 章第 2 节中 2.2 所述有关规定执行。

1. 由可变荷载效应控制的基本组合设计值

由可变荷载效应控制的基本组合设计值应按照式（5.4）计算：

$$S = \gamma_G S_{Gk} + \gamma_{Q1} S_{Q1k} + \sum_{i=2}^{n} \gamma_{Qi} \psi_{ci} S_{Qik} \tag{5.4}$$

式中：γ_G 为永久荷载的分项系数，应按表 5.2 取用；γ_{Qi} 为第 i 个可变荷载的分项系数；γ_{Q1} 为可变荷载 Q_1 的分项系数，应按表 5.2 取用；S_{Gk} 为按永久荷载标准值 G_k 计算的荷载效应值；S_{Qik} 为按可变荷载标准值 Q_{ik} 计算的荷载效应值；S_{Q1k} 为诸可变荷载效应中起控制作用者；ψ_{ci} 为可变荷载 Q_i 的组合值系数，应分别按本书第 3 章中各种荷载的具体规定取用；n 为参与组合的可变荷载数。

对于一般排架、框架结构的设计，式（5.4）可采用简化的组合规则代替，即对参与组合的可变荷载效应乘以一个统一的组合系数，按下列两式的最不利值确定：

$$S = \gamma_G S_{Gk} + \gamma_{Q1} S_{Q1k} \qquad (5.5a)$$

$$S = \gamma_G S_{Gk} + 0.9 \sum_{i=1}^{n} \gamma_{Qi} S_{Qik} \qquad (5.5b)$$

表 5.2　　　　　　　　　**荷载的分项系数**

永久荷载的分项系数		可变荷载的分项系数		
其效应对结构不利		其效应对结构有利	一般情况	标准值大于 4kN/m² 的工业房屋楼面结构
可变荷载效应控制	永久荷载效应控制			
1.2	1.35	1.0	1.4	1.3

注　对结构的倾覆、滑移或漂浮验算，荷载的分项系数应按有关结构设计规范的规定取用。

2. 由永久荷载效应控制的基本组合设计值

当结构的自重在总荷载中占较主要地位时，为了提高结构的可靠度，需考虑由永久荷载效应控制的基本组合，其设计值应按照式（5.6）计算：

$$S = \gamma_G S_{Gk} + \sum_{i=1}^{n} \gamma_{Qi} \psi_{ci} S_{Qik} \qquad (5.6)$$

应引起注意的是，2002 年版《荷载规范》（GB 50009—2001）中曾规定，当考虑以竖向的永久荷载效应控制的组合时，参与组合的可变荷载仅限于竖向荷载，即水平作用不参与组合；但在 2006 年版《荷载规范》（GB 50009—2001）中已经取消了这条规定，所以式（5.6）中的可变荷载应包括水平风荷载。

3. 地震作用效应和其他荷载效应的基本组合设计值

结构构件的地震作用效应和其他荷载效应的基本组合设计值应按照式（5.7）计算：

$$S = \gamma_G S_{GE} + \gamma_{Eh} S_{Ehk} + \gamma_{Ev} S_{Evk} + \psi_w \gamma_w S_{wk} \qquad (5.7)$$

式中：γ_G 为重力荷载分项系数，一般情况应采用 1.2，当重力荷载效应对构件承载能力有利时，不应大于 1.0；γ_{Eh}、γ_{Ev} 分别为水平、竖向地震作用分项系数，应按表 5.3 取用；γ_w 为风荷载分项系数，应采用 1.4；S_{GE} 为重力荷载代表值（建筑的重力荷载代表值应取结构和构配件的自重标准值和各可变荷载组合值之和，各可变荷载的组合值系数，应按本书第 3 章表 3.19 取用）的效应，有吊车时，尚应包括悬吊物重力标准值的效应；S_{Ehk} 为水平地震作用标准值的效应，尚应乘以相应的增大系数或调整系数；S_{Evk} 为竖向地震作用标准值的效应，尚应乘以相应的增大系数或调整系数；S_{wk} 为风荷载标准值的效应；ψ_w 为风荷载组合值系数，一般结构取 0.0，风荷载起控制作用（指风荷载和地震作用产生的总剪力和倾覆力矩相当的情况）的高层建筑应采用 0.2。

表 5.3 地震作用分项系数表

地震作用	γ_{Eh}	γ_{Ev}
仅计算水平地震作用	1.3	0.0
仅计算竖向地震作用	0.0	1.3
同时计算水平与竖向地震作用	1.3	0.5

4. 多高层框架结构的荷载效应基本组合的实用组合式

为了工程设计时使用方便，表 5.4 给出了多、高层框架结构的基本组合的实用荷载效应组合公式，设计时可直接查表取用。

表 5.4　多、高层框架结构的荷载效应基本组合的实用简表

荷载组合类别	适用条件	公式编号	组合公式
重力荷载	永久荷载控制	(1)	$S = 1.35S_{Gk} + 1.4 \times \overline{0.7}S_{Qk}$
	可变荷载控制	(2)	$S = 1.2S_{Gk} + 1.4S_{Qk}$
重力荷载＋风荷载	可变荷载控制	(3)	$S = 1.2S_{Gk} + 1.4S_{wk} + 1.4 \times \overline{0.7}S_{Qk}$ $S' = 1.0S_{Gk} + 1.4S_{wk} + 1.4 \times \overline{0.7}S_{Qk}$
		(4)	$S = 1.2S_{Gk} + 1.4S_{Qk} + 1.4 \times 0.6S_{wk}$ $S' = 1.0S_{Gk} + 1.4S_{Qk} + 1.4 \times 0.6S_{wk}$
	一般排架、框架简化组合	(5)	$S = 1.2S_{Gk} + 0.9 \times (1.4S_{Qk} + 1.4S_{wk})$ $S' = 1.0S_{Gk} + 0.9 \times (1.4S_{Qk} + 1.4S_{wk})$
	永久荷载控制	(6)	$S = 1.35S_{Gk} + 1.4 \times \overline{0.7}S_{Qk} + 1.4 \times 0.6S_{wk}$ $S' = 1.0S_{Gk} + 1.4 \times \overline{0.7}S_{Qk} + 1.4 \times 0.6S_{wk}$
重力荷载＋风荷载＋地震作用		(7)	$S = 1.2S_{GE} + 1.3S_{Ehk}$ $S' = 1.0S_{GE} + 1.3S_{Ehk}$
	$H \leqslant 60\mathrm{m}$ 且为 9 度区	(8)	$S = 1.2S_{GE} + 1.3S_{Evk}$ $S' = 1.0S_{GE} + 1.3S_{Evk}$
		(9)	$S = 1.2S_{GE} + 1.3S_{Ehk} + 0.5S_{Evk}$ $S' = 1.0S_{GE} + 1.3S_{Ehk} + 0.5S_{Evk}$
	$H > 60\mathrm{m}$	(10)	$S = 1.2S_{GE} + 1.3S_{Ehk} + 0.2 \times 1.4S_{wk}$ $S' = 1.0S_{GE} + 1.3S_{Ehk} + 0.2 \times 1.4S_{wk}$
	9 度区	(11)	$S = 1.2S_{GE} + 1.3S_{Ehk} + 0.5S_{Evk} + 0.2 \times 1.4S_{wk}$ $S' = 1.0S_{GE} + 1.3S_{Ehk} + 0.5S_{Evk} + 0.2 \times 1.4S_{wk}$

注　1. 0.7 为一般建筑的活荷载的组合系数，书库、储藏室和机房等应取 0.9。

　　2. 对于一般排架、框架设计可以采用简化组合 (5) 代替 (3)、(4)。

应当注意，结构上的风荷载和地震作用应考虑双向分别作用，即在组合时应结合左风、右风及左震、右震考虑。而且，组合中可能会出现永久荷载 S_{Gk} 对结构有利的情况，此时其分项系

数 $\gamma_G = 1.0$ ，取用 S' 参与组合。

2.2 正常使用极限状态验算的荷载效应组合

结构或构件达到正常使用或耐久性能中某项规定限度的状态称为正常使用极限状态。出现下列情况之一，即认为超过了正常使用极限状态：

（1）结构或构件出现影响正常使用的过大变形。

（2）影响正常使用或造成耐久性能的局部损坏，如裂缝过宽。

（3）影响正常使用的振动，影响正常使用的其他特定状态。

结构或构件按承载能力极限状态进行计算后，还应该按正常使用极限状态进行验算。

对于正常使用极限状态，应根据不同的设计要求，采用荷载的标准组合、频遇组合或准永久组合，并应按式（5.8）进行设计：

$$S \leqslant C \tag{5.8}$$

式中：S 为荷载效应组合（标准组合、频遇组合或准永久组合）的设计值；C 为结构或结构构件达到正常使用要求的规定限值，例如变形、裂缝、振幅、加速度和应力等的限值，应按各有关建筑结构设计规范的规定取用。

1. 标准组合设计值

对于标准组合，荷载效应组合的设计值 S 应按式（5.9）取用：

$$S = S_{Gk} + S_{Q1k} + \sum_{i=2}^{n} \psi_{ci} S_{Qik} \tag{5.9}$$

2. 频遇组合设计值

对于频遇组合，荷载效应组合的设计值 S 应按式（5.10）取用：

$$S = S_{Gk} + \psi_{f1} S_{Q1k} + \sum_{i=2}^{n} \psi_{qi} S_{Qik} \tag{5.10}$$

式中：ψ_{fi}、ψ_{qi} 分别为可变荷载的频遇值系数、准永久值系数，应按本书第 3 章第 1 节各种可变荷载的相应规定取用。

3. 准永久组合设计值

对于准永久组合，荷载效应组合的设计值 S 应按式（5.11）取用：

$$S = S_{Gk} + \sum_{i=1}^{n} \psi_{qi} S_{Qik} \tag{5.11}$$

2.3 最不利内力

设计框架结构的构件时，必须求出各构件的最不利内力。对于构件某一控制截面，可能存在几组最不利内力组合。例如，对于混凝土框架梁端截面（控制截面之一），为了计算其梁顶部配筋，必须找出该截面的最大负弯矩；为了确定梁端底部配筋，必须找出该截面最大正弯矩；还需进一步找出截面最大剪力进行梁端受剪承载力的计算。一般来说，并不是所有荷载同时作用时截面的弯矩即为最大值；而是在某些荷载作用下得到某控制截面的最大正弯矩，在另一些荷载作用下得到此截面的最大负弯矩。

最不利内力组合有多种。对于框架梁支座截面，最不利内力是最大负弯矩及最大剪力，但也要组合可能出现的正弯矩；对于框架梁跨中截面，最不利内力是最大正弯矩或可能出现的负弯矩。对于框架柱的上下端截面，可能出现大偏压情况，此时，若弯矩 M 越大、N 越小，构件的受力状态越不利；也可能出现小偏压情况，此时，若轴力 N 越大、M 越大，构件的受力状态越不利。因此，一般框架结构的最不利内力组合可归纳为：

（1）梁端截面：$+M_{max}$、$-M_{max}$、V_{max}。

（2）梁跨中截面：$+M_{max}$、$-M_{max}$。

（3）柱端截面：

1）$|M|_{max}$ 及相应的 N、V。

2）N_{max} 及相应的 M、V。

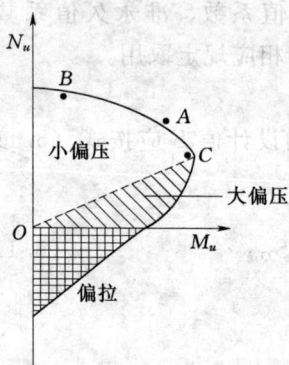

图 5.2 最不利内力的选择

3) $N_{\min}$ 及相应的 M、V。

在某些情况下，内力值即使不是最大值或最小值，也可能是最不利的，设计时应加以注意。例如，对混凝土框架柱小偏压截面，当 N 不是最大值，但相应的 M 较大时，配筋可能反而需要多一些，也会成为最不利内力。如图 5.2 所示，A 点与 B 点、C 点相比，既不是轴力最大，也不是弯矩最大，然而却是最不利的内力状态。

第 3 节 内 力 调 幅

按照框架结构的合理破坏形式，在梁端出现塑性铰是允许的；而对于装配整体式框架，节点并非绝对刚性，框架内力是根据计算简图按弹性理论的方法求得的，而梁端实际弯矩将小于其弹性计算值。

对于钢筋混凝土框架，在竖向荷载作用下，可考虑框架梁端塑性变形内力重分布。在进行框架结构设计时，一般均对梁端弯矩进行调幅，即人为地减小梁端负弯矩，减少节点附近梁顶面的配筋量，以节约钢材，方便施工。

假设某框架梁 AB 在竖向荷载作用下，梁端最大负弯矩分别为 M_{A0}、M_{B0}，梁跨中最大正弯矩为 M_{C0}，则调幅后梁端弯矩可取

$$\left. \begin{array}{l} M_A = \beta M_{A0} \\ M_B = \beta M_{B0} \end{array} \right\} \tag{5.12}$$

式中：β 为弯矩调幅系数。

对于现浇框架，可取 $\beta = 0.8 \sim 0.9$；对于装配整体式框架，由于接头焊接不牢或由于节点区混凝土灌注不密实等原因，节点

容易产生变形而达不到绝对刚性，因此，弯矩调幅系数允许取得低一些，一般取 $\beta=0.7\sim0.8$。

梁端变矩调幅后，框架梁各跨中截面的变矩设计值，可取考虑荷载最不利布置并按弹性方法算得的弯矩设计值和按式（5.13）计算的弯矩设计值的较大者，且各控制截面（含梁端、跨中）的弯矩值不宜小于简支弯矩值的 1/3。

$$M_C = 1.02M_0 + \frac{M_A + M_B}{2} = 1.02M_0 - \left| \frac{M_A + M_B}{2} \right|$$

$$(5.13)$$

式中：M_0 为按简支梁计算的跨中变矩。

框架梁进行弯矩调整后，各计算截面的剪力设计值仍可按考虑可变荷载最不利布置并按弹性方法计算确定；框架柱各控制截面的弯矩、剪力和轴力设计值仍取用弹性计算结果。

并且，在截面设计时，为保证框架梁跨中截面底部钢筋不至于过少，其跨中截面正弯矩设计值不应小于竖向荷载作用下按简支梁计算的跨中弯矩设计值的 50％，即

$$M_C \geqslant \frac{M_0}{2} \qquad (5.14)$$

弯矩调幅只对竖向荷载作用下的内力进行，而水平荷载作用下产生的弯矩不参加调幅，因此，弯矩调幅应在内力组合之前进行。

第 4 节　内 力 组 合 步 骤

内力组合在手算时，一般都通过表格进行，具体可以参照本书第 7 章表 7.52 和表 7.53。

内力组合具体步骤如下：

（1）恒荷载、活荷载、风荷载及地震等效荷载都分别按各自规律布置，进行内力分析。

（2）取出各个构件的控制截面内力，经过内力调整后填入内

力组合表内。

（3）分析本结构可能出现的若干种组合，将各内力分别乘以相应的荷载分项系数及组合系数。

（4）按照不利内力的要求分组叠加内力。

（5）在若干组不利内力中选取最不利内力作为构件截面的设计内力。

第6章 截面配筋验算与构造

第1节 框架的非抗震设计

通过前面介绍的框架结构内力分析与组合，我们可以得到框架结构中框架梁、柱各控制截面的设计内力，然后就可以根据设计内力分别进行框架梁、柱构件的截面配筋设计。框架梁、柱的截面配筋设计主要包括承载能力极限状态的正截面承载力验算、斜截面承载力验算，正常使用极限状态的裂缝宽度验算，以及构造设计。

1.1 框架梁设计

1.1.1 框架梁的正截面受弯承载力验算

对于矩形截面或翼缘位于受拉边的倒 T 形截面，其正截面受弯承载力应按式（6.1a）计算：

$$M \leqslant \alpha_1 f_c bx(h_0 - \frac{x}{2}) + f'_y A'_s(h_0 - a'_s) \qquad (6.1a)$$

混凝土受压区高度 x 应按下式确定：

$$\alpha_1 f_c bx = f_y A_s - f'_y A'_s \qquad (6.1b)$$

式中：M 为弯矩设计值；α_1 为系数，应根据混凝土强度等级按表 6.1 取用；f_c 为混凝土轴心抗压强度设计值，按本书附录 B 取用；f_y、f'_y 分别为受拉区、受压区纵向普通钢筋的强度设计值，按本书附录 B 取用；A_s、A'_s 分别为受拉区、受压区纵向普通钢筋的截面面积；b 为矩形截面的宽度或倒 T 形截面的腹板宽度；h_0 为截面有效高度；a'_s 为受压区纵向普通钢筋合力点至截面受压边缘的距离。

表 6.1 α_1 的 取 值

混凝土强度等级	≤C50	C55	C60	C65	C70	C75	C80
α_1	1.0	0.99	0.98	0.97	0.96	0.95	0.94

对于翼缘位于受压区的 T 形、I 形截面，当满足式（6.2）的条件时：即中和轴位于受压侧翼缘内时，应视为宽度为 b'_f 的矩形截面，即令 $b = b'_f$ 按式（6.1a）和式（6.1b）计算。

$$f_y A_s \leqslant \alpha_1 f_c b'_f h'_f + f'_y A'_s \tag{6.2}$$

当不满足式（6.2）的条件时，应按下式计算：

$$M \leqslant \alpha_1 f_c bx(h_0 - \frac{x}{2})$$

$$+ \alpha_1 f_c (b'_f - b) h'_f (h_0 - \frac{h'_f}{2})$$

$$+ f'_y a'_s (h_0 - a'_s) \tag{6.3a}$$

$$\alpha_1 f_c [bx + (b'_f - b) h'_f] = f_y A_s - f'_y A'_s \tag{6.3b}$$

式中：h'_f 为 T 形、I 形截面受压区的翼缘高度；b'_f 为 T 形、I 形截面受压区的翼缘计算宽度，应按表 6.2 的规定取用。

表 6.2   受弯构件翼缘计算宽度 b'_f

序 号	情 况		T 形、I 形截面		倒 L 形截面
			肋形梁、肋形板	独立梁	肋形梁、肋形板
1	按计算跨度 l_0 考虑		$l_0/3$	$l_0/3$	$l_0/6$
2	按梁（纵肋）净距 s_n 考虑		$b+s_n$	—	$b+s_n/2$
3	按翼缘高度 h'_f 考虑	$h'_f/h_0 \geqslant 0.1$	—	$b+12h'_f$	—
		$0.1 > h'_f/h_0 \geqslant 0.05$	$b+12h'_f$	$b+6h'_f$	$b+5h'_f$

序　号	情　　况		T 形、I 形截面		倒 L 形截面
			肋形梁、肋形板	独立梁	肋形梁、肋形板
3	按翼缘高度 h'_f 考虑	$h'_f/h_0 < 0.05$	$b + 12h'_f$	b	$b + 5h'_f$

注　1. 表中 b 为腹板宽度。

　　2. 若肋形梁在梁跨内设有间距小于纵肋间距的横肋时，则可不遵守表中所列情况 3 的规定。

　　3. 对于加腋的 T 形、I 形和倒 L 形截面，当受压区加腋的高度 $h_h \geqslant h'_f$ 且加腋的宽度 $b_h \leqslant 3h_h$ 时，其翼缘计算宽度可按表中所列情况 3 的规定分别增加 $2b_h$（T 形、I 形截面）和 b_h（倒 L 形截面）。

　　4. 独立梁受压区的翼缘板在荷载作用下经验算沿纵肋方向可能产生裂缝时，其计算宽度应取腹板宽度 b。

除应分别满足式（6.1a）、式（6.1b）及式（6.3a）、式（6.3b）外，混凝土受压区高度尚应符合下列条件：

$$x \leqslant \xi_b h_0 \tag{6.4a}$$

$$x \geqslant 2a'_s \tag{6.4b}$$

式中：ξ_b 为纵向受拉钢筋屈服与受压区混凝土破坏同时发生时的相对界限受压区高度，应按表 6.3 的规定计算，也可以根据钢筋种类和混凝土强度等级直接按表 6.6 取用。

表 6.3　　　　　　相对界限受压区高度 ξ_b 计算公式

钢 筋 类 型	相对界限受压区高度 ξ_b
有屈服点钢筋	$\dfrac{\beta_1}{1 + \dfrac{f_y}{E_s \varepsilon_{cu}}}$
无屈服点钢筋①	$\dfrac{\beta_1}{1 + \dfrac{0.002}{\varepsilon_{cu}} + \dfrac{f_y}{E_s \varepsilon_{cu}}}$

注　β_1 为中和轴高度系数，应按表 6.4 取用；ε_{cu} 为正截面的混凝土极限压应变，应按表 6.5 中非均匀受压情况取用。

① 无屈服点钢筋通常是指细规格的带肋钢筋，无屈服点的特性主要取决于钢筋的轧制和调直等工艺。

表 6.4 β_1 系 数 的 取 值

混凝土 强度等级	≤C50	C55	C60	C65	C70	C75	C80
β_1	0.8	0.79	0.78	0.77	0.76	0.75	0.74

表 6.5   正截面的混凝土极限压应变 ε_{cu}

混凝土 强度等级		≤C50	C55	C60	C65	C70	C75	C80
ε_{cu}	轴心 受压	0.002	0.002025	0.00205	0.002075	0.0021	0.002125	0.00215
	非均 匀受压	0.0033	0.00325	0.0032	0.00315	0.0031	0.00305	0.003

表 6.6   钢筋混凝土构件相对界限受压区高度 ξ_b

钢类种类	混 凝 土 强 度 等 级						
	≤C50	C55	C60	C65	C70	C75	C80
HPB235	0.61395	0.60412	0.59429	0.58446	0.57463	0.56481	0.555
HRB335	0.55	0.54053	0.53106	0.52161	0.51217	0.50275	0.49333
HRB400, RRB400	0.51765	0.50842	0.4992	0.49	0.48082	0.47165	0.4625

1.1.2 框架梁的斜截面承载力验算

为了防止构件发生斜压破坏（或腹板压坏），同时为限制构件在使用阶段的斜裂缝宽度，框架梁受剪截面应符合下列条件：

$$bh_0 \geqslant \frac{V}{\chi\beta_c f_c} \tag{6.5}$$

式中：V 为构件斜截面上的最大剪力设计值；b 为矩形截面的宽度，T 形截面或 I 形截面的腹板宽度；h_0 为截面的有效高度；β_c 为混凝土强度影响系数，应根据混凝土强度等级，按表 6.7 取用；χ 为受剪截面系数，应根据截面腹板高厚比，按表 6.8 取用。

表 6.7　　　　　　　混凝土强度影响系数 β_c 的取值

混凝土强度等级	≤C50	C55	C60	C65	C70	C75	≥C80
β_c	1.0	0.967	0.933	0.900	0.867	0.833	0.8

表 6.8　　　　　　　　受 剪 截 面 系 数

截面腹板高厚比	$(h_w/b) \leqslant 4$	$4 < (h_w/b) < 6$	$(h_w/b) \geqslant 6$
χ	0.25	$0.35 - 0.025 h_w/b$	0.2

注 1. 表中 b 为矩形截面的宽度，T 形或 I 形截面的腹板宽度。

　　2. h_w 为截面的腹板高度，对矩形截面，取有效高度；对 T 形截面，取有效高度减去翼缘高度；对 I 形截面，取腹板净高。

　　框架梁斜截面的受剪承载力应符合下式规定：

$$V \leqslant V_c + V_{sv} + V_{sb} \qquad (6.6)$$

式中：V_c 为混凝土项受剪承载力；V_{sv} 为箍筋项受剪承载力；V_{sb} 为弯起钢筋项受剪承载力；均应按表 6.9 进行计算。

表 6.9　　　　　　斜截面受剪承载力分项计算公式

项　　　目	一般框架梁	集中荷载作用下的独立梁[①]
V_c	$V_c = 0.7 f_t b h_0$	$V_c = \dfrac{1.75}{\lambda + 1} f_t b h_0$
V_{sv}	$V_{sv} = 1.25 f_{yv} \dfrac{A_{sv}}{s} h_0$	$V_{sv} = f_{yv} \dfrac{A_{sv}}{s} h_0$
V_{sb}	$V_{sb} = 0.8 f_y A_{sb} \sin\alpha_s$	

注 λ 为计算截面的剪跨比，可取 $\lambda = a/h_0$，其中 a 为集中荷载作用点至节点边缘的距离，λ 的取值应为 $1.5 \leqslant \lambda \leqslant 3$；$A_{sv}$ 为配置于同一截面内箍筋各肢的全部截面面积，$A_{sv} = n A_{sv1}$，其中 n 为在同一截面内箍筋的肢数，A_{sv1} 为单肢箍筋的截面面积；s 为沿构件长度方向的箍筋间距；f_{yv} 为箍筋抗拉强度设计值，按本书附录 B 中的 f_y 值取用；A_{sb} 为同一弯起平面内的弯起钢筋的截面面积；α_s 为斜截面上弯起钢筋的切线与构件纵向轴线的夹角。

① 集中荷载作用包括作用有多种荷载，其中包括集中荷载对支座截面或节点边缘所产生的剪力值占总剪力值的 75% 以上的情况；独立梁指不与楼板整体浇注的梁。

　　当框架梁的剪力设计值小于无腹筋梁的受剪承载力时，即 $V \leqslant V_c$ 时，可不进行斜截面的受剪承载力计算，而仅需根据本章

1.1.4 中 "6. 梁内箍筋的配置" 的有关规定，按构造要求配置箍筋。

1.1.3 框架梁裂缝宽度验算

钢筋混凝土框架梁应采用标准组合并考虑长期作用影响，按式（6.7）进行正常使用状态的裂缝宽度验算：

$$\omega_{max} \leqslant \omega_{lim} \tag{6.7}$$

其中

$$\omega_{max} = \alpha_{cr} \psi \frac{\sigma_{sk}}{E_s} \left(1.9c + 0.08 \frac{d_{eq}}{\rho_{te}} \right) \tag{6.8a}$$

$$\psi = 1.1 - 0.65 \frac{f_{tk}}{\rho_{te} \sigma_{sk}} \tag{6.8b}$$

$$d_{eq} = \frac{\sum n_i d_i^2}{\sum n_i v_i d_i} \tag{6.8c}$$

$$\rho_{te} = \frac{A_s + A_p}{A_{te}} \tag{6.8d}$$

对于受弯、偏心受压和偏心受拉构件：

$$A_{te} = 0.5bh + (b_f - b) h_f$$

以上各式中：ω_{max} 为按荷载效应的标准组合并考虑长期作用影响的最大裂缝宽度；ω_{lim} 为最大裂缝宽度限值，应按表 6.10 取用；α_{cr} 为构件受力特征系数，按表 6.11 取用；ψ 为裂缝间纵向受拉钢筋应变不均匀系数，当 $\psi < 0.2$ 时取 $\psi = 0.2$，当 $\psi > 1$ 时取 $\psi = 1$，对直接承受重复荷载的构件取 $\psi = 1$；E_s 为钢筋弹性模量；c 为最外层纵向受拉钢筋外边缘至受拉区底边的距离，mm，当 $c < 20$ 时取 $c = 20$，当 $c > 65$ 时取 $c = 65$；ρ_{te} 为按有效受拉混凝土截面面积计算的纵向受拉钢筋配筋率，在最大裂缝宽度计算中，当 $\rho_{te} < 0.01$ 时取 $\rho_{te} = 0.01$；A_{te} 为有效受拉混凝土截面面积，对轴心受拉构件取构件截面面积，b_f、h_f 分别为受拉翼缘的宽度、高度；A_s 为受拉区纵向非预应力钢筋截面面积；A_p 为受拉区纵向预应力钢筋截面面积；d_{eq} 为受拉区纵向钢筋的等效直径，mm；d_i 为受拉区第 i 种纵向钢筋的公称直径，mm；n_i 为受拉区第 i 种纵向钢筋的根数；v_i 为受拉区第 i 种纵向钢筋的相对黏结特性系数，按表 6.12 取用；σ_{sk} 为按荷载效应的标准组合计算的钢筋混凝土构件纵向受拉钢筋的应力，应按表 6.13 计算；

f_{tk} 为混凝土轴心抗拉强度标准值。

表 6.10　　　　　　　　**最大裂缝宽度限值**　　　　　　单位：mm

环境类别	一　类	二　类	三　类
ω_{lim}	0.3（0.4）	0.2	0.2

注　对处于年平均相对湿度小于 60% 的地区一类环境下的受弯构件，其最大裂缝
宽度限值可采用括号内的数值；对于处于四、五类环境下的结构构件，其裂
缝控制要求应符合专门标准的有关规定。

表 6.11　　　　　　　　**构件受力特征系数**

类　　型	α_{cr}	
	钢筋混凝土构件	预应力混凝土构件
受弯、偏心受压	2.1	1.7
偏心受拉	2.4	—
轴心受拉	2.7	2.2

表 6.12　　　　　　　　**钢筋的相对黏结特性系数**

钢筋类别	非预应力钢筋		先张法预应力钢筋			后张法预应力钢筋		
	光面钢筋	带肋钢筋	带肋钢筋	螺旋肋钢丝	刻痕钢丝、钢绞线	带肋钢筋	钢绞线	光面钢丝
v_i	0.7	1.0	1.0	0.8	0.6	0.8	0.5	0.4

注　对环氧树脂涂层带肋钢筋，其相对黏结特性系数应按表中系数的 0.8 倍
取用。

表 6.13　　　　　　**受拉区纵向钢筋的等效应力计算公式**

受力类型	计　算　公　式
轴心受拉	$\sigma_{sk} = \dfrac{N_k}{A_s}$
偏心受拉	$\sigma_{sk} = \dfrac{N_k e'}{A_s\,(h_0 - a_s')}$
受弯	$\sigma_{sk} = \dfrac{M_k}{0.87 h_0 A_s}$

续表

受力类型	计 算 公 式
偏心受压	$\sigma_{sk}=\dfrac{N_k\ (e-z)}{A_s z}$ $z=\left[0.87-0.12\ (1-r'_f)\ (h_0/e)^2\right]\ h_0$ $e=\eta_s e_0+y_s$ $\gamma'_f=\ (b'_f-b)\ h'_f/bh_0$ $\eta_s=1+\dfrac{1}{4000 e_0/h_0}\left(\dfrac{\cdot l_0}{h}\right)^2$

注 N_k、M_k 分别为按荷载效应的标准组合计算的轴向力值、弯矩值；A_s 为受拉区
纵向钢筋截面面积，对轴心受拉构件取全部纵向钢筋截面面积，对偏心受拉构
件取受拉较大边的纵向钢筋截面面积，对受弯、偏心受压构件取受拉区纵向钢
筋截面面积；e' 为轴向拉力作用点至受压区或受拉较小边纵向钢筋合力点的距
离；e 为轴向压力作用点至纵向受拉钢筋合力点的距离；z 为纵向受拉钢筋合
力点至截面受压区合力点的距离，且不大于 $0.87h_0$；η_s 为使用阶段的轴向压
力偏心距增大系数，当 $l_0/h\leqslant 14$ 时，取 $\eta_s=1.0$；y_s 为截面重心至纵向受拉
钢筋合力点的距离；γ'_f 为受压翼缘截面面积与腹板有效截面面积的比值；
b'_f、h'_f 分别为受压区翼缘的宽度、高度，当 $h'_f>0.2h_0$ 时，取 $h'_f=0.2h_0$。

1.1.4 框架梁的构造要求

框架梁的设计除应满足计算要求外，还应该满足以下构造要求。

1. 混凝土保护层厚度

纵向受力的普通钢筋及预应力钢筋，其混凝土保护层厚度
（钢筋外边缘至混凝土表面的距离）不应小于钢筋的公称直径，
且应符合表 6.14 的规定。

表 6.14　　　　　纵向受力钢筋的混凝土保护层最小厚度　　　单位：mm

环境类别		板、墙、壳			梁			柱		
		≤C20	C25~C45	≥C50	≤C20	C25~C45	≥C50	≤C20	C25~C45	≥C50
一		20	15	15	30	25	25	30	30	30
二	a	—	20	20	—	30	30	—	30	30
	b	—	25	20	—	35	30	—	35	30
三		—	30	25	—	40	35	—	40	35

注 基础中纵向受力钢筋的混凝土保护层厚度不应小于 40mm；当无垫层时，不应
小于 70mm。

2. 钢筋的锚固

当计算中充分利用钢筋的抗拉强度时，受拉钢筋的锚固长度

应按下式计算：

$$l_a = \alpha \frac{f_y}{f_t} d \qquad (6.9)$$

式中：α 为钢筋的外形系数，按表 6.15 取用；f_t 为混凝土轴心抗拉强度设计值，当混凝土强度等级高于 C40 时，按 C40 取值；f_y 为钢筋的抗拉强度设计值。

表 6.15 钢筋的外形系数

钢筋类型	光面钢筋	带肋钢筋	刻痕钢丝	螺旋肋钢丝	三股钢绞线	七股钢绞线
α	0.16	0.14	0.19	0.13	0.16	0.17

当符合表 6.16 中所列条件时，按式（6.19）计算的锚固长度应乘以表 6.16 中的修正系数进行修正。

表 6.16 计算锚固长度的修正系数

条件		修正系数
HRB335 级、HRB400 级和 RRB400 级钢筋	直径大于 25mm	1.1
	环氧树脂涂层	1.25
	混凝土保护层厚度大于钢筋直径 3 倍且配有箍筋	0.8
钢筋在混凝土施工过程中易受扰动（如滑模施工）时		1.1

注 经修正后的锚固长度不应小于按式（6.19）计算锚固长度的 0.7 倍，且不应小于 250mm。

当计算中充分利用纵向钢筋的抗压强度（如柱、桁架）时，其锚固长度不应小于上述规定的受拉锚固长度的 0.7 倍。当 HRB335 级、HRB400 级和 RRB400 级纵向受拉钢筋末端采用机械锚固措施时，包括附加锚固端头在内的锚固长度可取为按式（6.9）计算的锚固长度的 0.7 倍。

3. 钢筋的连接

钢筋的连接可分为两类：一类为绑扎搭接，另一类为机械连接或焊接。机械连接接头和焊接接头的类型及质量应符合国家现行有关标准的规定。

纵向受拉钢筋绑扎搭接接头的搭接长度按下式计算：

$$l_1 = \zeta l_a \qquad (6.10)$$

式中：l_a 为纵向受拉钢筋的锚固长度；ζ 为纵向受拉钢筋搭接长度修正系数，应根据位于同一连接区段内的钢筋搭接接头面积百分率按表 6.17 取用。

表 6.17　　　　　　　纵向受拉钢筋搭接长度修正系数

纵向钢筋搭接接头面积百分率（%）	≤25	50	100
ζ	1.2	1.4	1.6

但是在任何情况下，纵向受拉钢筋绑扎搭接接头的搭接长度均不应小于 300mm。

构件中的纵向受压钢筋，当采用搭接连接时，其受压搭接长度不应小于纵向受拉钢筋搭接长度的 0.7 倍，且在任何情况下不应小于 200mm。

4. 框架梁截面尺寸要求

框架梁截面尺寸应满足以下要求：

（1）截面宽度不宜小于 200mm。

（2）截面高度与宽度的比值不宜大于 4。

（3）净跨与截面高度的比值不宜小于 4。

5. 梁内纵向钢筋的配置

梁内纵向钢筋的配置应满足以下要求：

（1）纵向受拉钢筋的最小配筋百分率[1] ρ_{min}（%），不应小于 0.2 和 $45f_t/f_y$ 中两者的较大值。

（2）纵向受力钢筋的直径，当梁高 $h<300$mm 时，不应小于 8mm；当梁高 $h\geqslant300$mm 时，不应小于 10mm。而且，对于高层建筑中的框架梁，应至少沿梁全长顶面和底面各配置两根纵向钢筋，且钢筋直径不应小于 12mm。

（3）伸入梁支座范围内的纵向受力钢筋根数，当梁宽 $b\geqslant$ 100mm 时，不宜少于 2 根；当梁宽 $b<100$mm 时，可为 1 根。

（4）梁上部纵向钢筋水平方向的净间距不应小于 30mm 和

---

[1] 应按全截面面积扣除受压翼缘 $(b'_f-b)\ h'_f$ 面积后的截面面积计算。

1.5d（d 为纵向钢筋最大直径）；下部纵向钢筋水平方向的净间距不应小于 25mm 和 d。梁的下部纵向钢筋配置多于两层时，两层以上钢筋水平方向的中距应比下面两层的中距增大 1 倍。各层钢筋之间的净间距不应小于 25mm 和 d。

（5）钢筋混凝土梁支座截面负弯矩纵向受拉钢筋不宜在受拉区截断。当必须截断时，应符合以下规定：

1）当 $V \leqslant 0.7f_tbh_0$ 时，应延伸至按正截面受弯承载力计算不需要该钢筋的截面以外不小于 $20d$ 处截断，并且从该钢筋强度充分利用截面伸出的长度不应小于 $1.2l_a$。

2）当 $V > 0.7f_tbh_0$ 时，应延伸至按正截面受弯承载力计算不需要该钢筋的截面以外不小于 h_0 且不小于 $20d$ 处截断，并且从该钢筋强度充分利用截面伸出的长度不应小于 $1.2l_a+h_0$。

3）若按上述规定确定的截断点仍位于负弯矩受拉区内，则应延伸至按正截面受弯承载力计算不需要该钢筋的截面以外不小于 $1.3h_0$ 且不小于 $20d$ 处截断，并且从该钢筋强度充分利用截面伸出的长度不应小于 $1.2l_a+1.7h_0$。

（6）框架梁的纵向钢筋不应与箍筋、拉筋及预埋件等焊接。

6. 梁内箍筋的配置

梁内箍筋的配置应满足以下要求：

（1）若按斜截面抗剪计算不需要配置箍筋时，当截面高度 $h < 150$mm 时，可不设箍筋；当截面高度 $h = 150 \sim 300$mm 时，可仅在构件端部各 1/4 跨度范围内设置箍筋，但当在构件中部 1/2 跨度范围内有集中荷载作用时，则应沿梁全长设置箍筋；当截面高度 $h > 300$mm 时，应沿梁全长设置箍筋。高层建筑中的框架梁应沿梁全长设置箍筋。

（2）截面高度大于 800mm 的梁，其箍筋直径不宜小于 8mm；其余截面高度的梁，其箍筋直径不应小于 6mm。

（3）箍筋间距不应大于表 6.18 中的规定；在纵向受拉钢筋的搭接长度范围内，箍筋间距尚不应大于搭接钢筋较小直径的 5 倍，且不应大于 100mm；在纵向受压钢筋的搭接长度范围内，箍筋间距尚不应大于搭接钢筋较小直径的 10 倍，且不应大于 200mm。当受压钢筋直径 $d>25$mm 时，尚应在搭接接头两个端面外 100mm 范围内各设置两个箍筋。

表 6.18 　　　　　　　　　　非抗震设计梁箍筋最大间距 　　　　　　单位：mm

梁 高 h	$V>0.7f_tbh_0$	$V \leqslant 0.7f_tbh_0$
$150<h \leqslant 300$	150	200
$300<h \leqslant 500$	200	300
$500<h \leqslant 800$	250	350
$h>800$	300	400

（4）梁的剪力设计值大于 $0.7f_tbh_0$ 时，其箍筋面积配筋率应符合下式要求：

$$\rho_{sv} \geqslant 0.24f_t/f_{yv} \tag{6.11}$$

（5）在纵向受力钢筋搭接长度范围内应配置箍筋，其直径不应小于搭接钢筋较大直径的 0.25 倍。当钢筋受拉时，箍筋间距不应大于搭接钢筋较小直径的 5 倍，且不应大于 100mm；当钢筋受压时，箍筋间距不应大于搭接钢筋较小直径的 10 倍，且不应大于 200mm。当受压钢筋直径 $d>25$mm 时，尚应在搭接接头两个端面外 100mm 范围内各设置两个箍筋。

（6）当梁中配有计算需要的纵向受压钢筋时，其箍筋配置尚应符合下列要求：

1）箍筋直径不应小于纵向受压钢筋最大直径的 0.25 倍。

2）箍筋应做成封闭式。

3）箍筋间距不应大于 $15d$ 且不应大于 400mm；当一层内的受压钢筋多于 5 根且直径大于 18mm 时，箍筋间距不应大于 $10d$（d 为纵向受压钢筋的最小直径）。

4）当梁截面宽度大于 400mm 且一层内的纵向受压钢筋多于 3 根时，或当梁截面宽度不大于 400mm 但一层内的纵向受压钢筋多于 4 根时，应设置复合箍筋。

（7）在混凝土梁中，宜采用箍筋作为承受剪力的钢筋。当采用弯起钢筋时，其弯起角宜取 45° 或 60°；在弯起钢筋的弯终点外应留有平行于梁轴线方向的锚固长度，在受拉区不应小于 20d（d 为弯起钢筋的直径），在受压区不应小于 10d；梁底层钢筋中的角部钢筋不应弯起，顶层钢筋中的角部钢筋不应弯下。

7. 其他构造钢筋的配置

其他构造钢筋的配置应满足以下要求：

（1）梁内架立钢筋的直径，当梁的跨度小于 4m 时，不宜小于 8mm；当梁的跨度为 4～6m 时，不宜小于 10mm；当梁的跨度大于 6m 时，不宜小于 12mm。

（2）当梁的腹板高度 $h_w \geqslant 450$mm 时，在梁的两个侧面应沿高度配置纵向构造钢筋，每侧纵向构造钢筋（不包括梁上下部受力钢筋及架立钢筋）的截面面积不应小于腹板截面面积 bh_w 的 0.1%，且其间距不宜大于 200mm。

（3）位于梁下部或梁截面高度范围内的集中荷载，应全部由附加横向钢筋（箍筋、吊筋）承担，附加横向钢筋宜采用箍筋。箍筋应布置在长度为 s 的范围内，此时，$s = 2h_1 + 3b$，如图 6.1 (a) 所示。当采用吊筋时，其弯起段应伸至梁上边缘［见图 6.1 (b)］，且末端水平段长度不应小于本节 1.1.4 中 "6. 梁内箍筋的配置" 第（7）条的规定。当主梁高度不大于 800mm 时，弯起角度为 45°；当主梁高度大于 800mm 时，弯起角度为 60°

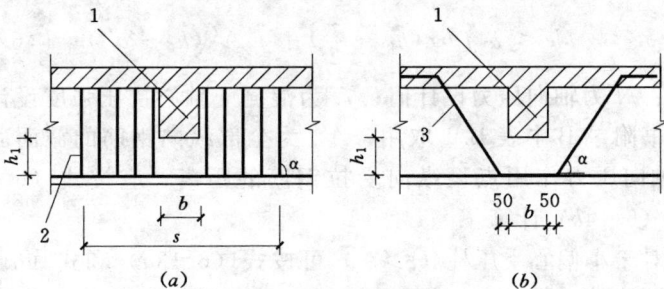

图 6.1　附加横向钢筋的布置（mm）

（a）附加箍筋；（b）附加吊筋

1—传递集中荷载的位置；2—附加箍筋；3—附加吊筋

1.2　框架柱设计

框架柱应视为偏心受压柱，可采用 $\eta - l_0$ 法或考虑二阶效应的弹性分析方法计算二阶内力，进行正截面受压承载力计算，确定柱内纵向钢筋的直径与数量，根据设计剪力按斜截面承载力计算公式确定柱内箍筋的直径和间距。

1.2.1　框架柱的正截面受压承载力验算

各类混凝土结构中的偏心受压构件，均应在其正截面偏压承载力计算中考虑结构侧移（$P - \Delta$ 效应）和构件挠曲（$P - \delta$ 效应）引起的附加内力。在确定偏心受压构件的内力设计值时，可近似考虑二阶弯矩对轴向压力偏心距的影响，将轴向压力对截面重心的初始偏心距 e_i 乘以偏心距增大系数 η，这种方法称为 $\eta - l_0$ 法（又称为计算长度法）；也可通过修正构件抗弯刚度，用考虑二阶效应的弹性分析方法，直接计算出结构构件各控制截面包括弯矩设计值在内的内力设计值，并按相应的内力设计值进行各构件的截面设计。

1. $\eta - l_0$ 法进行正截面受压承载力验算

对称配筋的矩形截面框架柱正截面受压承载力验算应按大偏心受压和小偏心受压分别计算。

对于大偏心受压柱（$\xi \leqslant \xi_b$）可按式（6.12a）和式（6.12b）计算：

$$N = \alpha_1 f_c b x \tag{6.12a}$$

$$Ne \leqslant \alpha_1 f_c b x \left(h_0 - \frac{x}{2}\right) + f_y' A_s' (h_0 - a_s') \tag{6.12b}$$

式中：N 为轴向压力设计值；f_c 为混凝土轴心抗压强度设计值，按本书附录 B 中表 B.1 取用；A_s' 为全部纵向钢筋的截面面积；e 为轴向压力作用点至纵向受拉钢筋的距离，应按式（6.14a）和式（6.14b）计算。

对于小偏心受压柱（$\xi > \xi_b$）可按式（6.13a）和式（6.13b）近似计算：

$$A_s' = \frac{Ne - \xi(1 - 0.5\xi)\alpha_1 f_c b h_0^2}{f_y'(h_0 - a_s')} \tag{6.13a}$$

$$\xi = \frac{N - \xi_b \alpha_1 f_c b h_0}{\dfrac{Ne - 0.43\alpha_1 f_c b h_0^2}{(\beta_1 - \xi_b)(h_0 - a'_s)} + \alpha_1 f_c b h_0} + \xi_b \qquad (6.13b)$$

偏心受压构件考虑二阶弯矩影响的轴向压力偏心距 e 应按下式计算：

$$e = \eta e_i + \frac{h}{2} - a \qquad (6.14a)$$

其中

$$e_i = e_0 + e_a \qquad (6.14b)$$

$$e_0 = M/N$$

式中：η 为偏心受压构件考虑二阶弯矩影响的轴向压力偏心距增大系数，按式（6.15a）计算；e_i 为初始偏心距；a 为纵向普通受拉钢筋和预应力受拉钢筋的合力点至截面近边缘的距离；e_0 为轴向压力对截面重心的偏心距；e_a 为附加偏心距，其值应取 20mm 和偏心方向截面最大尺寸的 1/30 两者中的较大值。

对矩形、T 形、I 形、环形和圆形截面偏心受压构件，偏心距增大系数 η 可按下式计算：

$$\eta = 1 + \frac{1}{1400 e_i/h_0}\left(\frac{l_0}{h}\right)^2 \zeta_1 \zeta_2 \qquad (6.15a)$$

其中

$$\zeta_1 = \frac{0.5 f_c A}{N} \leqslant 1.0 \qquad (6.15b)$$

$$\zeta_2 = 1.15 - 0.01\frac{l_0}{h} \leqslant 1.0 \qquad (6.15c)$$

此外，当构件的长细比 $l_0/i \leqslant 17.5$ 时，构件截面中由二阶效应引起的附加弯矩平均不会超过截面一阶弯矩的 5%，可取 $\eta = 1.0$。

一般多层框架柱的计算长度与单根中心受压杆件一样，均采用下式计算：

$$l_0 = \mu H \qquad (6.16)$$

式中：l_0 为柱的计算长度；H 为框架柱的长度，对于底层柱为基础顶面到一层楼盖顶面的高度，对于其他各层柱为上下两层楼盖顶面之间的高度；μ 为柱的计算长度系数，应按表 6.19 取用。

表 6.19   **框架结构各层柱的计算长度系数**

楼 盖 类 型	柱 的 位 置	μ
现浇楼盖	底层柱	1.0
	其他各层柱	1.25
装配式楼盖	底层柱	1.25
	其他各层柱	1.5

当框架柱中水平荷载产生的弯矩设计值占总弯矩设计值的 75% 以上时，框架柱的计算长度 l_0 应按式（6.17a）和式（6.17b）计算，并取其中的较小值：

$$l_0 = [1 + 0.15(\psi_u + \psi_l)]H \qquad (6.17a)$$
$$l_0 = (2 + 0.2\psi_{\min})H \qquad (6.17b)$$

式中：ψ_u、ψ_l 分别为柱的上端、下端节点处交会的各柱线刚度之和与交会的各梁线刚度之和的比值；$\psi_{\min}$ 为 ψ_u、ψ_l 中的较小值。

2. 杆系有限元弹性分析方法

$\eta - l_0$ 法计算简便，思路简洁，对于一般的多层框架梁柱的常用截面尺寸，可以满足工程应用，但是在某些情况下将产生较明显的误差：

（1）在确定 l_0 取值时未考虑梁柱线刚度比的影响，因此，当梁柱线刚度比过大或过小时，都会使 l_0 取值不符合实际情况。其中，当梁柱线刚度比过小时，使用 $\eta - l_0$ 法是偏于不安全的。

（2）由于 $\eta - l_0$ 法中的 η 是按各柱控制截面分别计算的，未考虑满足同层各柱侧移相等的基本条件，因此，在框架各跨跨度不等、荷载不等而导致各柱列竖向荷载之间的比例与常规情况有较大差异时，采用 $\eta - l_0$ 法将导致较大误差。

（3）在复式框架等复杂框架结构中，采用 $\eta - l_0$ 法将在部分构件截面中导致较大误差。

（4）在框架-剪力墙结构或框架-核心筒结构中，由于框架部分的层间位移沿高度的分布规律已经不同于一般规则框架结构，验算表明，采用 $\eta - l_0$ 法求得的柱端控制截面总弯矩在部分截面中的误差可能会达到 25% 以上。

因此，在上述情况下，宜采用考虑二阶效应的弹性分析方法，该方法可以有效地减小误差。

考虑二阶效应的弹性分析方法是近年来美国、加拿大等国规范推荐的一种精度和效率较高的考虑二阶效应的方法。这种考虑了几何非线性的杆系有限元法是一种理论上严密的分析方法，由它算得的各杆件控制界面最不利内力可直接用于截面设计，而不再需要通过偏心距增大系数 η 来增大相应截面的初始偏心距 e_i，但是在截面设计中仍要考虑附加偏心距 e_a。

当采用考虑二阶效应的弹性分析方法时，宜在结构分析中对构件的弹性抗弯刚度 $E_c I$ 乘以下列折减系数：对于梁，取 0.4；对于柱，取 0.6；对于剪力墙或核心筒壁，取 0.45（当验算表明剪力墙或核心筒底部正截面不开裂时，其刚度折减系数可取 0.7）。此时，在进行正截面受压承载力计算的式（6.12a）～式（6.14b）中，ηe_i 均应以（M/N）+e_a 代替，此时，M、N 为按考虑二阶效应的弹性分析方法直接计算求得的弯矩设计值和相应的轴向力设计值。

1.2.2　框架柱的斜截面承载力验算

框架柱的最小受剪截面与框架梁的要求相同，也应满足式（6.5）。

框架柱斜截面的受剪承载力验算应根据受力状态分别按照偏心受压柱和偏心受拉柱进行计算。

矩形、T 形和 I 形截面的钢筋混凝土偏心受压构件，当符合式（6.18）的要求时，可不进行斜截面受剪承载力计算，而仅需根据本节 1.2.4 中 "3. 柱中箍筋的配置要求" 的规定，按构造要求配置箍筋，否则应按式（6.19）进行斜截面受剪承载力验算：

$$V \leqslant \frac{1.75}{\lambda + 1} f_t b h_0 + 0.07 N \tag{6.18}$$

$$V \leqslant \frac{1.75}{\lambda + 1} f_t b h_0 + f_{yv} \frac{A_{sv}}{s} h_0 + 0.07N \tag{6.19}$$

式中：N 为与剪力设计值 V 相应的轴向压力设计值，当 $N > 0.3 f_c A$ 时，取 $N = 0.3 f_c A$；λ 为偏心受压柱计算截面的剪跨比，对于框架结构中的框架柱，可取 $\lambda = H_n / (2h_0)$，具体分析见本章第 2 节中的 2.5.1，当 $\lambda > 3$ 时取 $\lambda = 3$，当 $\lambda < 1$ 时取 $\lambda = 1$。

矩形、T 形和 I 形截面的钢筋混凝土偏心受拉构件，其斜截面受剪承载力应符合下式规定：

$$V \leqslant \frac{1.75}{\lambda + 1} f_t b h_0 + f_{yv} \frac{A_{sv}}{s} h_0 - 0.2N \tag{6.20}$$

式中：N 为与剪力设计值 V 相应的轴向拉力设计值。

式（6.20）右端的计算值不得小于 $f_{yv} \dfrac{A_{sv}}{s} h_0$ 和 $0.36 f_t b h_0$ 两者中的较大值。

1.2.3　裂缝宽度验算

框架柱一般为 $(e_0/h_0) \leqslant 0.55$ 的偏心受压构件，可不验算裂缝宽度；如果偏心距不满足要求，或框架柱中出现较大拉力，则应按本章第 1 节中 1.1.3 中的相关内容进行验算。

1.2.4　框架柱的构造要求

框架柱截面设计除应满足上述计算要求外，还应该满足以下构造要求。

1. 框架柱的截面尺寸要求

框架柱的截面尺寸应符合以下要求：

（1）柱的截面宽度和高度均不宜小于 250mm，圆柱的截面直径不宜小于 350mm。

（2）柱的剪跨比宜大于 2。

（3）柱截面高度与宽度的比值不宜大于 3。

2. 框架柱的纵向钢筋配置要求

框架柱的纵向钢筋配置应满足以下要求：

（1）柱全部纵向钢筋的配筋率，不应小于表 6.20 中的规定值，且柱截面每一侧纵向钢筋配筋率不应小于 0.2%。同时，全部纵向钢筋的配筋率，不宜大于 5%，不应大于 6%。圆柱中纵向钢筋宜沿周边均匀布置，根数不宜少于 8 根，且不应少于 6 根。

表 6.20　　　　　　　　柱纵向钢筋最小配筋率　　　　　　　　单位：%

柱　类　型	最 小 配 筋 率
框架、中柱、边柱和角柱	0.6
框支柱	0.8

注　1. 当混凝土强度等级高于 C60 时，表中的数值应增加 0.1。

　　2. 当采用 HRB400 级、RRB400 级钢筋时，表中数值应允许减小 0.1。

（2）纵向受力钢筋的直径不宜小于 12mm。

（3）柱中纵向受力钢筋的净间距不应小于 50mm；偏心受压柱中，垂直于弯矩作用平面的侧面上的纵向受力钢筋以及轴心受压柱中各边的纵向受力钢筋，其中间距不宜大于 300mm；对于水平浇筑的预制柱，其纵向钢筋的最小净间距可按梁的有关规定取用［见本章第 1 节 1.1.4 中 "5. 梁内纵向钢筋的配置" 第（4）项要求］。

（4）当偏心受压柱的截面高度 $h \geqslant 600mm$ 时，在柱的侧面上应设置直径为 $10 \sim 16mm$ 的纵向构造钢筋，并相应设置复合箍筋或拉筋。

（5）柱的纵筋不应与箍筋、拉筋及预埋件等焊接。

3. 柱中箍筋的配置要求

柱中箍筋的配置应满足以下要求：

（1）周边箍筋应为封闭式。

（2）箍筋直径不应小于最大纵向钢筋直径的 1/4，且不应小于 6mm；在纵向受力钢筋搭接长度范围内，箍筋直径不应小于搭接钢筋最大直径的 0.25 倍。

（3）箍筋间距不应大于 400mm，且不应大于构件截面的短边尺寸，以及最小纵向受力钢筋直径的 15 倍。

（4）当柱中全部纵向受力钢筋的配筋率超过 3% 时，箍筋直径不应小于 8mm，箍筋间距不应大于最小纵向钢筋直径的 10

倍，且不应大于 200mm；箍筋末端应做成 135°弯钩且弯钩末端平直段长度不应小于 10 倍箍筋直径。

（5）在纵向受拉钢筋的搭接长度范围内的箍筋间距不应大于搭接钢筋较小直径的 5 倍，且不应大于 100mm；在纵向受压钢筋的搭接长度范围内的箍筋间距不应大于搭接钢筋较小直径的 10 倍，且不应大于 200mm。当受压钢筋直径大于 25mm 时，尚应在搭接接头端面外 100mm 的范围内各设置两道箍筋。

（6）当柱每边纵筋多于 3 根时，应设置复合箍筋（可采用拉筋）。

（7）对圆柱中的箍筋，搭接长度不应小于钢筋锚固长度 l_a，且末端应做成 135°弯钩，弯钩末端平直段长度不应小于箍筋直径的 5 倍。

1.3 节点设计要求

在非抗震设计中，框架节点的承载能力一般不需要计算，而仅通过采取适当的构造措施来保证。节点设计应保证整个框架结构安全可靠，经济合理，且便于施工。

框架节点区的混凝土强度等级，应不低于柱的混凝土强度等级。

1.3.1 框架梁、柱的纵向钢筋在框架节点区的锚固和搭接的相关规定

框架梁、柱的纵向钢筋在框架节点区的锚固和搭接的相关规定如下：

（1）框架梁的上部纵向钢筋应贯穿中间节点或中间支座范围。

（2）梁上部纵向钢筋伸入端节点的锚固长度：当采用直线锚固时，不应小于 l_a，且伸过柱中心线的长度不宜小于 5 倍的梁纵向钢筋直径；当柱截面尺寸不足时，梁上部纵向钢筋应伸至节点对边并向下弯折，其包括弯弧段在内的水平投影长度不应小于 $0.4l_a$，包括弯弧段在内的竖直投影长度应取 15 倍的梁纵向钢筋直径，如图 6.2 所示。

（3）当计算中不利用梁下部纵向钢筋的强度时，其伸入节点内的锚固长度应取不小于 12 倍的梁纵向钢筋直径。当计算中充分利用梁下部纵向钢筋的抗拉强度时，梁下部纵向钢筋可采用直

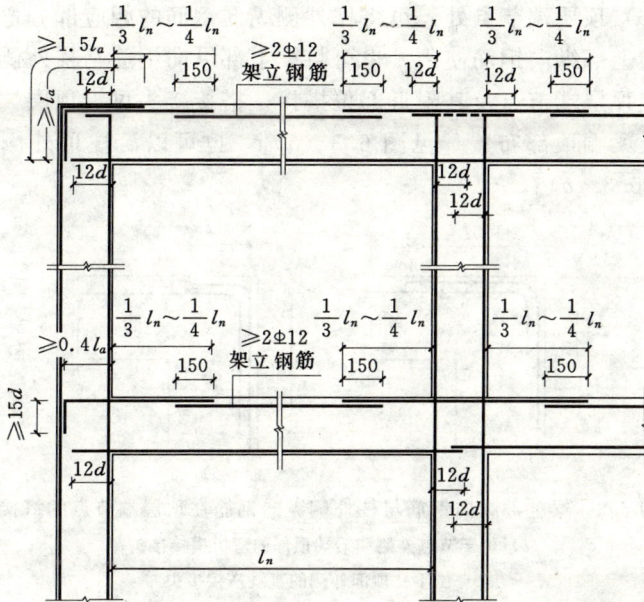

图 6.2　非抗震设计时框架梁、柱纵向钢筋在节点区的锚固要求

线方式或向上 90°弯折方式锚固于节点内，直线锚固时的锚固长度不应小于 l_a；弯折锚固时，锚固段的水平投影长度不应小于 $0.4l_a$，竖直投影长度应取 15 倍的梁纵向钢筋直径。

（4）框架柱的纵向钢筋应贯穿中间层节点，柱纵向钢筋接头应设于节点区以外。

（5）顶层中节点柱纵向钢筋和端节点柱内侧纵向钢筋应伸至柱顶；当从梁底边计算的直线锚固长度不小于 l_a 时，可不必水平弯折，否则应向柱内或梁、板内水平弯折；当充分利用柱纵向节点区的锚固要求钢筋的抗拉强度时，其锚固段弯折前的竖直投影长度不应小于 $0.5l_a$，弯折后的水平投影长度不宜小于 12 倍的柱纵向钢筋直径。当柱顶有现浇板且板厚不小于 80mm、混凝土强度等级不低于 C20 时，柱纵向钢筋也可向外弯折，弯折后的水平投影长度不宜小于 12 倍的柱纵向钢筋直径。

（6）顶层端节点处，可将柱外侧纵向钢筋的相应部分弯入梁内作梁上部纵向钢筋使用，也可将梁上部纵向钢筋与柱外侧纵向钢筋在顶层端节点及其附近部位搭接。搭接接头可沿顶层端节点外侧及梁端顶部布置［见图 6.3（a）］，也可以沿柱顶外侧布置［见图 6.3（b）］。

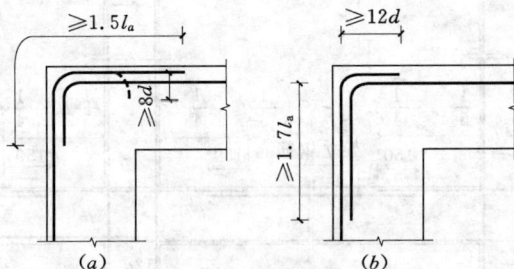

图 6.3　梁上部纵向钢筋与柱外侧纵向钢筋在顶层端节点的搭接

（a）位于节点外侧和梁端顶部的弯折搭接接头；

（b）位于柱顶部外侧的直线搭接接头

1.3.2　框架节点核心区设置水平箍筋的相关规定

箍筋配置应符合柱中箍筋设置的有关规定，但箍筋间距不宜大于 250mm。对四边有梁与之相连的节点，可仅沿节点周边设置矩形箍筋。当顶层端节点内设有梁上部纵向钢筋和柱外侧纵向钢筋的搭接接头时，节点内水平箍筋应符合纵向受力钢筋的搭接长度范围内的箍筋设置的相关要求［见本节 1.1.4 中"6. 梁内箍筋的配置"第（5）项要求］。

第 2 节　延性框架的抗震设计

2.1　抗震设防标准与抗震等级

《抗震规范》（GB 50011—2001）明确规定，抗震设防烈度为 6 度及以上地区的建筑，必须进行抗震设计❶。

---

❶　抗震设计的结构除应满足本章第 1 节非抗震设计的各项要求之外，还应满足本节抗震设计的各项计算与构造要求。

建筑应根据其使用功能的重要性分为甲、乙、丙、丁类四个抗震设防类别。甲类建筑应属于重大建筑工程和地震时可能发生严重次生灾害的建筑，乙类建筑应属于地震时使用功能不能中断或需尽快恢复的建筑，丙类建筑应属于除甲、乙、丁类以外的一般建筑，丁类建筑应属于抗震次要建筑。

2.1.1　抗震设防标准

建筑抗震设计时，应根据建筑抗震设防类别对本地区抗震设防烈度进行适当调整，以确定该建筑的抗震设防标准。

地震作用计算（指本书第 3 章"1.5 地震作用"中的相应计算）时，对于甲类建筑，应高于本地区抗震设防烈度的要求，其值应按批准的地震安全性评价结果确定；乙、丙、丁类建筑，仍应符合本地区抗震设防烈度的要求。

确定抗震措施（抗震措施是指除地震作用计算和抗力计算以外的抗震设计内容，钢筋混凝土结构的抗震措施主要包括抗震构造措施和设计内力调整）时，抗震设防标准的选用应按表 6.21 进行。

表 6.21　　　　　　　确定抗震措施时的抗震设防标准

抗震设防类别		本地区的抗震设防烈度			
		6 度	7 度	8 度	9 度
甲		7 度	8 度	9 度	9 度＋
乙	一般情况	7 度	8 度	9 度	9 度＋
	建筑规模较小且采用抗震性能较好的结构类型时	6 度	7 度	8 度	9 度
丙		6 度	7 度	8 度	9 度
丁		6 度	7 度－	8 度－	9 度－

注　表中的"＋"和"－"分别表示适当提高和适当降低。

地震造成建筑的破坏，除地震动直接引起结构破坏外，还有场地条件的原因，例如，地震引起的地表错动与地裂，地基土的不均匀沉陷、滑坡及粉、砂土液化等。因此，《抗震规范》（GB

50011—2001）规定，当建筑场地类别为Ⅰ、Ⅲ、Ⅳ类时，需对确定抗震构造措施（指一般不需计算而对结构和非结构各部分必须采取的各种细部要求）的抗震设防标准进行调整，以反映这一影响。

当建筑场地为Ⅰ类时，确定抗震构造措施时的设防标准应按表 6.22 选用。

表 6.22　Ⅰ类场地确定抗震构造措施时的设防标准

抗震设防类别	本地区的抗震设防烈度			
	6 度	7 度	8 度	9 度
甲、乙	6 度	7 度	8 度	9 度
丙	6 度	6 度	7 度	8 度

建筑场地为Ⅲ、Ⅳ类时，对设计基本地震加速度为 $0.15g$ 和 $0.30g$ 的地区，除《抗震规范》（GB 50011—2001）另有规定外，宜分别按抗震设防烈度 8 度（$0.20g$）和 9 度（$0.40g$）时各类建筑的要求采取抗震构造措施。

2.1.2　抗震等级

抗震设计时，应根据抗震设防烈度、结构类型和房屋高度采用不同的抗震等级，并符合相应的计算和构造措施要求。

丙类建筑的抗震等级应按表 6.23 确定。

表 6.23　丙类建筑现浇混凝土结构的抗震等级

结 构 类 型		抗震设防烈度（抗震设防标准）						
		6 度		7 度		8 度		9 度
	高度（m）	≤30	>30	≤30	>30	≤30	>30	≤25
框架结构	一般框架	四	三	三	二	二	一	一
	剧场、体育馆等大跨度公共建筑	三		二		一		一
框架-抗震墙结构	高度（m）	≤60	>60	≤60	>60	≤60	>60	≤50
	框架	四	三	三	二	二	一	一
	抗震墙	三		二		一		一

续表

结　构　类　型		抗震设防烈度（抗震设防标准）						
		6 度		7 度		8 度		9 度
		≤80	>80	≤80	>80	≤80	>80	≤60
抗震墙结构	高度（m）	≤80	>80	≤80	>80	≤80	>80	≤60
	抗震墙	四	三	三	二	二	一	一
部分框支抗震墙结构	抗震墙	三	二	二	一	一		
	框支层框架	三		二		二		一
筒体结构	框架-核心筒 框架	三		二		一		一
	框架-核心筒 核心筒	二		二		一		一
	筒中筒 外筒	三		二		一		一
	筒中筒 内筒	三		二		一		一
板柱-抗震墙结构	板柱的柱	三		二		一		
	抗震墙	二		二		二		

注 1. 接近或等于高度分界时，应允许结合房屋不规则程度及场地、地基条件确定抗震等级。

2. 部分框支抗震墙结构中，抗震墙加强部位以上的一般部位，应允许按抗震墙结构确定其抗震等级。

抗震设防类别为甲、乙、丁类的建筑，应首先根据本地区的抗震设防烈度、抗震设防类别和场地条件确定建筑的抗震设防标准（见本章第 2 节 2.1.1），然后按表 6.23 确定其抗震等级。应该注意到，对于同一建筑结构，可能会采用不同的抗震等级分别进行设计内力调整和确定抗震构造措施。

2.2　抗震设计方法

进行抗震设计的建筑，其抗震设防目标是：当遭受低于本地区抗震设防烈度的多遇地震影响时，一般不受损坏或不需修理仍可继续使用；当遭受相当于本地区抗震设防烈度的地震影响时，可能损坏，经一般修理或不需修理仍可继续使用；当遭受高于本地区抗震设防烈度预估的罕遇地震影响时，不致倒塌或发生危及生命的严重破坏。

《抗震规范》（GB 50011—2001）对抗震设计采用了两阶段设计方法：

（1）第一阶段设计，按多遇地震作用效应和其他荷载效应的基本组合，验算构件截面抗震承载力，验算多遇地震作用下结构的弹性变形。

（2）第二阶段设计，在罕遇地震作用下验算结构的弹塑性变形。

2.2.1 多遇地震作用下的截面抗震验算

结构构件的截面抗震验算应采用下式：

$$S \leqslant \frac{R}{\gamma_{RE}} \tag{6.21}$$

式中：S 为包含地震作用效应的结构构件内力组合的设计值，应按本书第4章第2节相关内容计算；R 为结构构件承载力设计值；γ_{RE} 为承载力抗震调整系数，除另有规定外，应按表6.24取用。

表 6.24　　　　　　　构件抗震承载力调整系数

正截面承载力计算				斜截面承载力计算	局部受压承载力计算
受弯构件	偏心受压柱	偏心受拉构件	剪力墙	各类构件及框架节点	
0.75	0.8	0.85	0.85	0.85	1.0

注 1. 轴压比小于0.15的偏心受压柱的承载力抗震调整系数应取0.75。

　　2. 预埋件锚筋截面计算的承载力抗震调整系数应取1.0。

抗震设计时，对结构构件承载力进行调整（除以一个不大于1的抗震调整系数）的原因主要有以下两点：

（1）式（6.21）左端为地震效应组合设计内力，该式右端的构件承载力计算中却仍然沿用了材料的静力强度，而动力荷载下的材料强度要比静力荷载下的材料强度高（相关试验表明，在快速加载的情况下，材料的力学性能将发生明显变化，表现为强度提高，但变形能力包括塑性性能基本不变，对于钢材，强度可提高1.15～1.5倍；对于混凝土，强度可以提高1.5倍左右）。

（2）地震荷载是偶然作用，基于概率的结构抗震可靠度的要求可以适当降低。

式（6.21）取消了结构重要性系数 γ_0，其原因是：抗震重要性分类与《建筑结构可靠度设计统一标准》（GB 50068—2001）所规定的安全等级存在差异，因而结构重要性系数对抗震设计的实际意义不大，抗震设计对建筑重要性的处理通过抗震措施的改变来实现。

2.2.2　多遇地震作用下的弹性变形验算

为避免建筑物的非结构构件在多遇地震作用下发生破坏并导致人员伤亡，保证建筑的正常使用功能，对结构在低于本地区抗震设防烈度的多遇地震作用下的变形须加以验算，使其最大层间弹性位移小于规定的限值。《抗震规范》（GB 50011—2001）规定，钢筋混凝土框架结构的最大弹性层间位移角应符合下式要求：

$$\frac{\Delta u_e}{h} \leqslant \frac{1}{550} \qquad (6.22)$$

式中：h 为计算楼层层高；Δu_e 为多遇地震作用标准值产生的楼层内最大的弹性层间位移，计算时除以弯曲变形为主的高层建筑外，可不扣除结构整体弯曲变形，应计入扭转变形。

弹性变形验算属于正常使用极限状态的验算，各作用分项系数均应采用 1.0。钢筋混凝土结构构件的截面刚度一般可取用弹性刚度；当计算的变形较大时，宜适当考虑截面开裂的刚度折减，如取 $0.85 E_c I_0$。

2.2.3　罕遇地震作用下的弹塑性变形验算

为防止结构在罕遇地震作用下由于薄弱层弹塑性变形过大而倒塌，必须对延性要求较高的结构进行弹塑性变形验算。对于不超过 12 层且层刚度无突变的钢筋混凝土框架结构、单层钢筋混凝土柱厂房，可采用简化计算法；对于其他建筑结构，应采用较为精确的三维的静力弹塑性分析方法（如 Push - over）或弹塑性时程分析法计算。

1. 进行弹塑性变形验算的范围

（1）以下结构应进行弹塑性变形验算：

1）抗震设防烈度为 8 度Ⅲ、Ⅳ类场地和抗震设防烈度为 9

度时，高大的单层钢筋混凝土柱厂房的横向排架。

2）抗震设防烈度为 7～9 度时，楼层屈服强度系数小于 0.5 的钢筋混凝土框架结构。

3）高度大于 150m 的钢结构。

4）甲类建筑和抗震设防烈度为 9 度时乙类建筑中的钢筋混凝土结构和钢结构。

5）采用隔震和消能减震设计的结构。

其中，楼层屈服强度系数为按构件实际配筋和材料强度标准值计算的楼层受剪承载力与按罕遇地震作用标准值计算的楼层弹性地震剪力的比值；对于排架柱，指按实际配筋面积、材料强度标准值和轴向力计算的正截面受弯承载力与按罕遇地震作用标准值计算的弹性地震弯矩的比值。

（2）以下结构宜进行弹塑性变形验算：

1）属于表 3.17 所列高度范围且属于表 2.3 所列竖向不规则类型的高层建筑结构。

2）抗震设防烈度为 7 度Ⅲ、Ⅳ类场地和抗震设防烈度为 8 度时乙类建筑中的钢筋混凝土结构和钢结构。

3）板柱-抗震墙结构和底部框架砖房。

4）高度不大于 150m 的高层钢结构。

2. 弹塑性层间位移的简化计算

结构薄弱层（部位）弹塑性层间位移的简化计算可按以下要求进行：

（1）确定结构薄弱层（部位）的位置。

1）楼层屈服强度系数沿高度分布均匀的结构，可取底层。

2）楼层屈服强度系数沿高度分布不均匀的结构，可取该系数最小的楼层（部位）和相对较小的楼层，一般不超过 2～3 处。

3）单层厂房，可取上柱。

（2）弹塑性层间位移可按下列公式计算：

$$\Delta u_p = \eta_p \Delta u_e \qquad (6.23a)$$

$$\Delta u_p = \mu \Delta u_y = \frac{\eta_p}{\xi_y} \Delta u_y \qquad (6.23b)$$

式中：Δu_p 为弹塑性层间位移；Δu_y 为层间屈服位移；μ 为楼层延性系数；Δu_e 为罕遇地震作用下按弹性分析的层间位移；ξ_y 为楼层屈服强度系数；η_p 为弹塑性层间位移增大系数。

当薄弱层（部位）的屈服强度系数不小于相邻层（部位）该系数平均值的 0.8 时，弹塑性层间位移增大系数可按表 6.25 取用；当不大于该平均值的 0.5 时，可按表 6.25 内相应数值的 1.5 倍取用；其他情况可采用内插法取值。

表 6.25　　　　　　弹塑性层间位移增大系数

结构类型	总层数 n 或部位	ξ_y		
		0.5	0.4	0.3
多层均匀框架	2～4	1.30	1.40	1.60
	5～7	1.50	1.65	1.80
	8～12	1.80	2.00	2.20
单层厂房	上柱	1.30	1.60	2.00

3. 钢筋混凝土框架结构薄弱层（部位）弹塑性层间位移角限值

钢筋混凝土框架结构薄弱层（部位）弹塑性层间位移角应符合下式要求：

$$\frac{\Delta u_p}{h} \leqslant \frac{1}{50} \tag{6.24}$$

2.3　延性框架设计原则

理论与实践证明，延性结构可以有效地利用结构弹塑性变形来吸收、耗散地震能量，以变形为代价大大减轻结构在地震中的破坏程度，从而降低对结构承载能力的要求。因而，抗震的钢筋混凝土结构都应按照延性结构要求进行抗震设计。钢筋混凝土结构通过合理地设计，就能够消除或减少混凝土材料自身脆性性质的危害，充分发挥钢筋塑性性能，实现适应抗震需要的延性结构。震害调查分析和结构试验研究表明，钢筋混凝土结构的"塑性铰控制"理论在抗震结构设计中发挥着愈来愈重要的作用，其基本要点如下：

（1）钢筋混凝土结构可以通过选择合理的截面形式及配筋构造，以控制塑性铰出现的部位。

（2）抗震延性结构应当选择并设计有利于抗震的塑性铰部位。所谓有利，即一方面，要求塑性铰本身有较好的塑性变形能力和吸收耗散能量的能力；另一方面，要求这些塑性铰能使结构具有较大的延性而不会造成其他不利后果，例如，不会使结构局部破坏或出现不稳定现象。

（3）在预期出现塑性铰的部位，应通过合理的配筋构造增大其塑性变形能力，防止过早出现脆性的剪切及锚固破坏；在其他部位，也要防止过早出现剪切及锚固破坏。

钢筋混凝土框架应设计成具有较好塑性变形能力的延性框架，其基本措施如下：

（1）塑性铰应尽可能出在梁的两端，设计成"强柱弱梁"框架。

（2）避免梁、柱构件过早剪坏，在可能出现塑性铰的区段内，应设计成"强剪弱弯"。

（3）避免出现节点区破坏及钢筋的锚固破坏，要设计成"强节点、强锚固"。

许多经过地震考验的结构已经证明上述措施是切实有效的。

2.4 框架梁设计

在"强柱弱梁"的延性框架中，在水平地震作用下，要求梁的屈服先于柱的屈服，合理利用梁的变形（主要是弯曲变形）消耗地震能量，使框架柱退居到第二道防线的位置。因此，在抗震框架中，首先应设计具有良好延性的框架梁。

2.4.1 框架梁的正截面抗震受弯承载力验算

考虑地震作用组合的框架梁，其正截面抗震受弯承载力应按本章第 1 节 1.1.1 中非抗震框架梁的相关公式计算，但在受弯承载力计算公式右边应除以相应的承载力抗震调整系数 γ_{RE}。

在地震作用下，框架梁的塑性铰出现在端部，为保证塑性铰的延性，设计时要求控制相对受压区高度不宜过大，并要求端部截面必须配置一定比例的受压钢筋，具体要求如下。

一级抗震：

$$\frac{x}{h_0} \leqslant 0.25, \quad \frac{A'_s}{A_s} \geqslant 0.5 \qquad (6.25a)$$

二、三级抗震：

$$\frac{x}{h_0} \leqslant 0.35, \quad \frac{A'_s}{A_s} \geqslant 0.3 \qquad (6.25b)$$

式中：A'_s 为端部截面配置的受压钢筋面积；A_s 为端部截面配置的受拉钢筋面积。

2.4.2　框架梁的斜截面抗震受剪承载力验算

为了体现延性框架的设计原则，保证框架梁塑性铰区的"强剪弱弯"，考虑地震作用组合的框架梁端剪力设计值 V_b 应根据抗震等级进行相应的调整，具体计算按表 6.26 进行。

表 6.26　　考虑地震作用组合的框架梁端剪力设计值

抗震等级	剪力设计值
四	V_b 取地震作用组合下的剪力设计值
三	$V_b = 1.1\dfrac{(M_b^l + M_b^r)}{l_n} + V_{Gb}$
二	$V_b = 1.2\dfrac{(M_b^l + M_b^r)}{l_n} + V_{Gb}$
一	$V_b = 1.3\dfrac{(M_b^l + M_b^r)}{l_n} + V_{Gb}$ 抗震设防烈度为 9 度时，尚应满足： $V_b = 1.1\dfrac{(M_{bua}^l + M_{bua}^r)}{l_n} + V_{Gb}$

注　M_b^l、M_b^r 分别为考虑地震作用组合的框架梁左、右端弯矩设计值；V_{Gb} 为地震作用组合时的重力荷载代表值产生的剪力设计值，可按简支梁计算确定；M_{bua}^l、M_{bua}^r 分别为框架梁左、右端按实配钢筋截面面积、材料强度标准值，且考虑承载力抗震调整系数的正截面抗震受弯承载力。

抗震设计的框架梁，当跨高比（l_0/h）> 2.5 时，受剪截面应符合下列条件：

$$bh_0 \geqslant \gamma_{RE}\frac{V_b}{0.2\beta_c f_c} \qquad (6.26)$$

式中：β_c 为混凝土强度影响系数，应根据混凝土强度等级按表 6.7 取用。

　　试验证明，在反复荷载作用下，梁因剪压区混凝土剪切强度的降低，斜裂缝间混凝土咬合力和纵向钢筋暗销力的降低而导致混凝土贡献的斜截面受剪承载力下降，而箍筋贡献的受剪承载力变化不大，因而钢筋混凝土构件斜截面总的抗剪强度是降低的。抗震设计时的抗剪承载力也由混凝土和箍筋分别贡献，其中混凝土项取为无地震作用时混凝土项的 60％，箍筋项不折减。因此，矩形、T 形和 I 形截面的框架梁斜截面抗剪承载力验算公式如下。

　　一般框架梁：

$$V_b \leqslant \frac{1}{\gamma_{RE}}(0.42 f_t bh_0 + 1.25 f_{yv} \frac{A_{sv}}{s} h_0) \qquad (6.27a)$$

　　集中荷载作用下的框架梁：

$$V_b \leqslant \frac{1}{\gamma_{RE}}(\frac{1.05}{\lambda+1} f_t bh_0 + f_{yv} \frac{A_{sv}}{s} h_0) \qquad (6.27b)$$

其中 $$\lambda = a/h_0$$

式中：λ 为计算截面的剪跨比取值应为 $1.5 \leqslant \lambda \leqslant 3$；$a$ 为集中荷载作用点至节点边缘的距离。

2.4.3　框架梁的构造要求

　　1. 框架梁截面尺寸要求

框架梁截面尺寸应满足以下要求：

（1）截面宽度不宜小于 200mm。

（2）截面高度与宽度的比值不宜大于 4。

（3）净跨与截面高度的比值不宜小于 4。

　　2. 框架梁的纵向钢筋配置要求

框架梁的纵向钢筋配置应满足以下要求：

（1）纵向受拉钢筋的配筋率不应小于表 6.27 规定的数值。

表 6.27　　框架梁纵向受拉钢筋的最小配筋率　　　　单位：％

抗震等级	梁中位置	
	支座	跨中
一	max {0.4, $80f_t/f_y$}	max {0.3, $65f_t/f_y$}
二	max {0.3, $65f_t/f_y$}	max {0.25, $55f_t/f_y$}
三、四	max {0.25, $55f_t/f_y$}	max {0.2, $45f_t/f_y$}

（2）梁端纵向受拉钢筋的配筋率不应大于 2.5%。

（3）沿梁全长顶面和底面至少应各配置两根通长的纵向钢筋，其直径应满足表 6.28 的要求。

表 6.28　　　　　框架梁通长纵向钢筋的最小直径　　　　单位：mm

抗 震 等 级	最 小 钢 筋 直 径
一、二	14
	梁两端纵向受力钢筋中较大截面面积的 1/4
三、四	12

3. 框架梁的箍筋配置要求

框架梁的箍筋配置应满足以下要求：

（1）框架梁梁端箍筋加密区的构造要求应按表 6.29 选用，当梁端纵向受拉钢筋配筋率大于 2% 时，表 6.29 中箍筋最小直径应增大 2mm。

表 6.29　　　　　框架梁梁端箍筋加密区的构造要求　　　　单位：mm

抗震等级	加密区长度	箍筋最大间距	箍筋最小直径	箍筋最小肢距
一	max $\{2h,\ 500\}$	min $\{6d,\ h/4,\ 100\}$	10	max $\{20d_g,\ 200\}$
二	max $\{1.5h,\ 500\}$	min $\{8d,\ h/4,\ 100\}$	8	max $\{20d_g,\ 250\}$
三	max $\{1.5h,\ 500\}$	min $\{8d,\ h/4,\ 150\}$	8	max $\{20d_g,\ 250\}$
四	max $\{1.5h,\ 500\}$	min $\{8d,\ h/4,\ 150\}$	6	300

注　h 为梁截面高度；d 为纵向钢筋直径；d_g 为箍筋直径。

（2）梁端设置的第一个箍筋距框架节点边缘应不大于 50mm。

（3）非加密区的箍筋间距不宜大于加密区箍筋间距的 2 倍。

（4）沿梁全长箍筋的配筋率 ρ_{sv} 应不小于表 6.30 的规定。

表 6.30　　　　　　　框架梁箍筋的最小配筋率

抗 震 等 级	一	二	三	四
箍筋的最小配筋率	$0.3\dfrac{f_y}{f_{yv}}$	$0.28\dfrac{f_y}{f_{yv}}$	$0.26\dfrac{f_y}{f_{yv}}$	$0.26\dfrac{f_y}{f_{yv}}$

2.5　框架柱设计

框架柱承受压、弯和剪的共同作用，有弯曲破坏、剪切破坏和小偏压破坏等多种破坏形式。为了保证柱的延性，要防止脆性的剪切破坏，也要避免几乎没有延性的小偏压破坏。

2.5.1 影响框架柱延性的几个重要参数

1. 剪跨比

剪跨比是反映柱截面所承受的弯矩与剪力相对大小的一个参数，可表示为

$$\lambda = \frac{M}{Vh} \tag{6.28}$$

式中：V 为柱端截面的设计剪力值；M 为计算截面上与剪力设计值 V 相应的弯矩设计值；h 为柱截面高度。

考虑到框架柱的反弯点大都接近柱中点，为设计方便，常常用柱的长细比近似表示剪跨比的影响，即令

$$\lambda = \frac{M}{Vh_0} = \frac{H_n}{2h_0} \tag{6.29}$$

式中：H_n 为柱净高；h_0 为柱截面有效高度。

剪跨比是影响钢筋混凝土柱破坏形态的最重要的因素。剪跨比较小的柱子会出现斜裂缝而导致剪切破坏，根据试验研究可得出钢筋混凝土柱破坏形态与剪跨比的关系，如表 6.31 所示。

表 6.31　　　　　钢筋混凝土柱破坏形态与剪跨比的关系

剪跨比	长细比	柱的类型	破坏形态
$\lambda > 2$	$\dfrac{H_n}{h_0} > 4$	长柱	多数发生弯曲破坏，但仍需配置足够的抗剪箍筋
$1.5 \leqslant \lambda \leqslant 2$	$3 \leqslant \dfrac{H_n}{h_0} \leqslant 4$	短柱	多数会出现剪切破坏，但当提高混凝土强度等级并配有足够的抗剪箍筋后，可能出现稍有延性的剪切受压破坏
$\lambda < 1.5$	$\dfrac{H_n}{h_0} < 3$	极短柱	一般都会发生剪切斜拉破坏，几乎没有延性

《抗震规范》（GB 50011—2001）中规定，框架柱的剪跨比宜大于 2。因此，抗震结构中，在确定方案和结构布置时，就应避免短柱，特别是应避免在同一层中同时存在长柱和短柱的情况，否则需要采取特殊措施，慎重设计。

2. 轴压比

轴压比是指框架柱组合后的轴向压力设计值与柱的全截面面积和混凝土轴心抗压强度设计值乘积之比值，可表示为

$$n = \frac{N}{f_c A} \qquad (6.30)$$

轴压比是影响钢筋混凝土柱承载力和延性的另一个重要参数。大量试验表明，随着轴压比的增大，柱的极限抗弯承载力提高，但极限变形能力、耗散地震能量的能力均降低，而且轴压比对短柱的影响更大。《抗震规范》（GB 50011—2001）中规定，柱轴压比不宜超过表 6.32 中的规定；并且建造于 Ⅳ 类场地且较高的高层建筑，柱轴压比限值应适当减小。

表 6.32　　　　　　　　　钢筋混凝土柱轴压比限值

结 构 类 型	抗 震 等 级		
	一	二	三
框架结构	0.7	0.8	0.9
框架-抗震墙、板柱-抗震墙及筒体	0.75	0.85	0.95
部分框支抗震墙	0.6	0.7	—

注　1. 当混凝土强度等级为 C65～C70 时，轴压比限值宜按表中数值减小 0.05；当混凝土强度等级为 C75～C80 时，轴压比限值宜按表中数值减小 0.10。

　　2. 剪跨比 λ≤2 的柱，其轴压比限值应按表中数值减小 0.05；对剪跨比 λ< 1.5 的柱，轴压比限值应专门研究并采取特殊构造措施。

　　3. 沿柱全高采用井字复合箍，且箍筋间距不大于 100mm、肢距不大于 200mm、直径不小于 12mm 时；或者沿柱全高采用复合螺旋箍，且螺距不大于 100mm、肢距不大于 200mm、直径不小于 12mm 时；或者沿柱全高采用连续复合矩形螺旋箍，且螺距不大于 80mm、肢距不大于 200mm、直径不小于 10mm 时，轴压比限值均可按表中数值增加 0.10。上述三种箍筋的配箍特征值 $λ_v$ 均应按增大的轴压比由表 6.37 确定。

　　4. 当柱截面中部设置由附加纵向钢筋形成的芯柱，且附加纵向钢筋的总面积不少于柱截面面积的 0.8％时，其轴压比限值可按表中数值增加 0.05。此项措施与注 3 的措施同时采用时，轴压比限值可按表中数值增加 0.15，但箍筋的配箍特征值 $λ_v$（见表 6.37）仍可按轴压比增加 0.10 的要求确定。

　　5. 柱经采用上述加强措施后，其最终的轴压比限值不应大于 1.05。

2.5.2 框架柱的正截面受压承载力验算

考虑地震作用组合的框架柱，其抗震正截面承载力应按本章第 1 节 1.2.1 中的规定计算，但在承载力计算公式的右边，均应除以相应的正截面承载力抗震调整系数 γ_{RE}。

框架柱上、下柱端的轴向力设计值，应取地震作用组合下各自的轴向力设计值；一、二、三级框架的梁柱节点处，除框架顶层和柱轴压比小于 0.15 者及框支梁与框支柱的节点外，柱端截面的弯矩设计值应满足"强柱弱梁"的要求，按表 6.33 计算。

表 6.33   "强柱弱梁"要求的弯矩值 M_c

抗 震 等 级	"强柱弱梁"要求的弯矩值 M_c
三	$\sum M_c = 1.1 \sum M_b$
二	$\sum M_c = 1.2 \sum M_b$
一	$\sum M_c = 1.4 \sum M_b$ 抗震设防烈度为 9 度时，尚应满足： $\sum M_c = 1.2 \sum M_{bua}$

注   1. 一、二、三级抗震等级的框架角柱，其弯矩设计值应按调整后的弯矩设计值乘以不小于 1.1 的增大系数。

      2. $\sum M_c$ 为节点上、下柱端截面顺时针或逆时针方向组合的弯矩设计值之和，上、下柱端的弯矩设计值，可按弹性分析分配；$\sum M_b$ 为节点左、右梁端截面逆时针或顺时针方向组合的弯矩设计值之和，一级框架节点左、右梁端均为负弯矩时，绝对值较小的弯矩应取 0；$\sum M_{bua}$ 为节点左、右梁端截面逆时针或顺时针方向实配的正截面抗震受弯承载力所对应的弯矩值之和，根据实配钢筋面积（计入受压筋）和材料强度标准值确定。

对于一、二、三级框架结构的底层，柱下端截面组合的弯矩设计值，应分别乘以增大系数 1.5、1.25、1.15。底层柱纵向钢筋宜按上、下端的不利情况配置。

2.5.3 框架柱的斜截面承载力验算

为在框架柱设计中体现"强剪弱弯"的设计原则，考虑地震作用组合的框架柱剪力设计值 V_c 应根据抗震等级进行相应的调整，具体按表 6.34 计算。

表 6.34　　　　　考虑地震作用组合的框架柱剪力设计值

抗 震 等 级	剪 力 设 计 值
四	V_c 取地震作用组合下的剪力设计值
三	$V_c = 1.1\ (M_c^t + M_c^b)\ /H_n$
二	$V_c = 1.2\ (M_c^t + M_c^b)\ /H_n$
一	$V_c = 1.4\ (M_c^t + M_c^b)\ /H_n$ 抗震设防烈度为 9 度时，尚应满足： $V_c = 1.2\ (M_{cua}^t + M_{cua}^b)\ /H_n$

注　1. 一、二、三级抗震等级的框架角柱，其剪力设计值应按调整后的剪力设计
　　　　值乘以不小于 1.1 的增大系数。

　　　2. M_c^t、M_c^b 分别为考虑地震作用组合，且经表 6.33 调整后的框架柱上、下端
　　　　弯矩设计值；M_{cua}^t、M_{cua}^b 分别为框架柱上、下端按实配钢筋截面面积和材
　　　　料强度标准值，且考虑承载力抗震调整系数计算的正截面抗震受弯承载力
　　　　所对应的弯矩值；H_n 为柱的净高。

考虑地震作用组合的框架柱和框支柱的受剪截面，应符合以
下条件。

$\lambda > 2$ 的框架柱：

$$bh_0 \geqslant \gamma_{RE} \frac{V}{0.2\beta_c f_c} \tag{6.31a}$$

框支柱和 $\lambda \leqslant 2$ 的框架柱：

$$bh_0 \geqslant \gamma_{RE} \frac{V}{0.15\beta_c f_c} \tag{6.31b}$$

高层建筑中，柱的剪力较大，无论抗震或不抗震，框架柱都
应作抗剪承载力计算，按计算结果配置箍筋。

国内外有关低周反复荷载作用下的试验表明，钢筋混凝土偏
压柱塑性铰区的受剪承载力比单调加载降低约 $10\% \sim 30\%$，这
主要是由于混凝土受剪承载力降低所致，而箍筋贡献的受剪承载
力变化不大。因此，抗震受剪承载力中混凝土提供的受剪承载力
折减为非抗震时的 60%，箍筋项不予折减。

这样，考虑地震作用组合的框架柱的斜截面抗震受剪承载力
验算应符合下式规定：

$$V \leqslant \frac{1}{\gamma_{RE}} \left(\frac{1.05}{\lambda + 1} f_t bh_0 + f_{yv} \frac{A_{sv}}{s} h_0 + 0.056N \right) \tag{6.32}$$

式中：N 为与设计剪力相应的轴向压力。其中，当 $\lambda > 3$ 时，取 $\lambda = 3$；当 $\lambda < 1$ 时，取 $\lambda = 1$。当 $N > 0.3 f_c A$ 时，取 $N = 0.3 f_c A$；当框架柱中出现拉力时，抗剪承载力将降低，应将式（6.32）中最后一项改为 $-0.2N$，但公式右端应不小于 $f_{yv} \dfrac{A_{sv}}{s} h_0$，且 $f_{yv} \dfrac{A_{sv}}{s} h_0$ 不得小于 $0.36 f_t b h_0$。

2.5.4　框架柱的构造要求

1. 框架柱的截面尺寸要求

框架柱的截面尺寸宜符合以下要求：

（1）柱的截面宽度和高度均不宜小于 300mm，圆柱的截面直径不宜小于 350mm。

（2）柱的剪跨比宜大于 2。

（3）柱截面高度与宽度的比值不宜大于 3。

2. 框架柱的纵向钢筋配置要求

框架柱的纵向钢筋配置应符合以下要求：

（1）框架柱中全部纵向受力钢筋的配筋率不应小于表 6.35 中规定的数值，同时每侧的配筋率不应小于 0.2%；对 Ⅳ 类场地上较高的高层建筑，最小配筋率应按表 6.35 中数值增加 0.1% 取用。

表 6.35　　　　　　框架柱全部纵向受力钢筋最小配筋率　　　　单位：%

柱 类 型	抗 震 等 级			
	一	二	三	四
框架中柱、边柱	1.0	0.8	0.7	0.6
框架角柱	1.2	1.0	0.9	0.8

注　柱全部纵向受力钢筋最小配筋率，当采用 HRB400 级钢筋时，应按表中数值减小 0.1%；当混凝土强度等级为 C60 及以上时，应按表中数值增加 0.1%。

（2）框架柱全部纵向受力钢筋配筋率不应大于 5%，当按一级抗震等级设计且柱的剪跨比 $\lambda \leqslant 2$ 时，柱每侧纵向钢筋的配筋率不宜大于 1.2%。

(3) 柱的纵向钢筋宜对称配置，截面尺寸大于 400mm 的柱，纵向钢筋的间距不宜大于 200mm。

3. 框架柱的箍筋配置要求

框架柱的箍筋配置应满足以下要求：

(1) 框架柱上下端箍筋应加密，箍筋加密区的长度应取柱截面长边尺寸（或圆形截面直径）、柱净高的 1/6 和 500mm 中的最大值；柱根（底层柱的柱根系指地下室的顶面或无地下室情况的基础顶面）加密区长度应取不小于该层柱净高的 1/3，当有刚性地面时，除柱端箍筋加密区外尚应在刚性地面上、下各 500mm 的高度范围内加密箍筋；剪跨比 $\lambda \leqslant 2$ 的柱或一、二级抗震等级的角柱应沿柱全高加密箍筋。

(2) 箍筋加密区的相关构造要求应按表 6.36 选用。

表 6.36   **柱端箍筋加密区的构造要求**   单位：mm

抗震等级	箍筋最大间距	箍筋最小直径	箍筋最小肢距
一	min {6d, 100}	10	200
二	min {8d, 100}	8	max {20d_g, 250}
三	min {8d, 150（柱根 100）}	8	max {20d_g, 250}
四	min {8d, 150（柱根 100）}	6（柱根 8）	300

注 1. d 为纵向钢筋直径；d_g 为箍筋直径。

    2. 剪跨比 $\lambda \leqslant 2$ 的柱，箍筋加密区的箍筋间距不应大于 100mm。

(3) 柱箍筋加密区箍筋的体积配筋率应满足下式要求：

$$\rho_v \geqslant \lambda_v \frac{f_c}{f_{yv}} \tag{6.33}$$

式中：ρ_v 为柱箍筋加密区的体积配筋率，计算中应扣除重叠部分的箍筋体积；f_c 为混凝土轴心抗压强度设计值，当混凝土强度等级低于 C35 时，按 C35 取值；f_{yv} 为箍筋及拉筋抗拉强度设计值；λ_v 为最小配箍特征值，应按表 6.37 取用。

表 6.37　　　　　　柱箍筋加密区的箍筋最小配箍特征值 λ_v

抗震等级	箍筋型式	轴 压 比								
		≤0.3	0.4	0.5	0.6	0.7	0.8	0.9	1.0	1.05
一	P、F	0.10	0.11	0.13	0.15	0.17	0.20	0.23	—	—
	DL、FL、LFL	0.08	0.09	0.11	0.13	0.15	0.18	0.21	—	—
二	P、F	0.08	0.09	0.11	0.13	0.15	0.17	0.19	0.22	0.24
	DL、FL、LFL	0.06	0.07	0.09	0.11	0.13	0.15	0.17	0.20	0.22
三	P、F	0.06	0.07	0.09	0.11	0.13	0.15	0.17	0.20	0.22
	DL、FL、LFL	0.05	0.06	0.07	0.09	0.11	0.13	0.15	0.18	0.20

注　1. 箍筋型式：P 为普通箍，指单个矩形箍筋或单个圆形箍筋；F 为复合箍，指由矩形、多边形和圆形箍筋或拉筋组成的箍筋；DL 为单个螺旋箍筋；FL 为复合螺旋箍，指由螺旋箍与矩形、多边形和圆形箍筋或拉筋组成的箍筋；LFL 为连续复合矩形螺旋箍，指全部螺旋箍为同一根钢筋加工成的箍筋。

　　2. 混凝土强度等级高于 C60 时，箍筋宜采用复合箍、复合螺旋箍或连续复合矩形螺旋箍，当轴压比不大于 0.60 时，宜按表中数值增加 0.02；当轴压比大于 0.60 时，宜按表中数值增加 0.03。

　　在计算复合螺旋箍的体积配筋率时，其中非螺旋箍筋的体积应乘以换算系数 0.8；对于一、二、三、四级抗震等级的柱，其箍筋加密区的箍筋体积配筋率分别不应小于 0.8%、0.6%、0.4%、0.4%。当剪跨比 $\lambda \leqslant 2$ 时，一、二、三级抗震等级的柱宜采用复合螺旋箍或井字复合箍，其箍筋体积配筋率不应小于 1.2%；9 度抗震设防烈度时，不应小于 1.5%。

　　(4) 在箍筋加密区外，箍筋的体积配筋率不宜小于加密区配筋率的一半；对于一、二级抗震等级，箍筋间距不应大于 $10d$；对于三、四级抗震等级，箍筋间距不应大于 $15d$。

　　(5) 二级抗震等级的框架柱，当箍筋直径不小于 10mm、肢距不大于 200mm 时，除柱根外，箍筋间距应允许采用 150mm；当三级抗震等级框架柱的截面尺寸不大于 400mm 时，箍筋最小

直径应允许采用 6mm；当四级抗震等级框架柱间跨比不大于 2
时，箍筋直径不应小于 8mm。

2.6 节点设计

2.6.1 "强节点、强锚固"原则

在设计延性框架时，除保证梁、柱构件具有足够的承载力和
延性外，保证节点区的承载力，使之不过早破坏也是十分重要
的。因为节点区破坏或者变形过大，梁、柱构件就不能再形成抗
侧力的框架结构了。

由震害调查可见，节点区的破坏大都是由于节点区无箍筋或
少箍筋，在剪压作用下，混凝土出现斜裂缝，然后挤压破碎，纵
向钢筋压屈成灯笼状所致。保证节点区不发生剪切破坏的主要措
施是：通过抗剪验算，在节点区配置足够的箍筋，并保证混凝土
的强度及密实性，实现"强节点"。

在地震作用下，通过节点区的梁纵向钢筋在节点区两边应力
符号相反。无论是正筋还是负筋，都是一侧受拉，另一侧受压，
造成节点区内钢筋与混凝土的黏结应力较一般情况偏大，很容易
出现黏结破坏。主筋在节点区内滑移不仅造成传递剪力的能力减
弱，也会使梁端塑性铰区裂缝加大。为此，设计中应处理好纵向
钢筋在节点区的锚固构造，做到"强锚固"。

2.6.2 节点区抗剪验算

一、二级抗震等级的框架结构应进行节点核心区抗震受剪承
载力计算；三、四级抗震等级的框架节点核心区可不进行计算，
但应符合抗震构造措施的要求。

框架梁柱节点核心区受剪的水平截面应符合以下条件：

$$V_j \leqslant \frac{1}{\gamma_{RE}}(0.3\eta_j\beta_c f_c b_j h_j) \tag{6.34}$$

式中：h_j 为节点核心区的截面高度，可以取验算方向的柱截面
高度 h_c；b_j 为节点核心区的截面有效验算宽度，按表 6.38 取

用；η_j 为正交梁对节点的约束影响系数，按表 6.39 取用。

表 6.38 节点核心区的截面有效验算宽度 b_j

条　件	b_j
$b_b \geqslant b_c/2$	$b_1 = b_c$
$b_b < b_c/2$	$b_2 = \min(b_b + 0.5h_c,\ b_1)$
梁柱中线不重合，且 $e_0 \leqslant b_c/4$	$b_3 = \min(0.5b_b + 0.5b_c + 0.25h_c - e_0,\ b_1,\ b_2)$

注 b_b 为验算方向梁截面宽度；b_c 为该侧柱截面宽度。

表 6.39 正交梁对节点的约束影响系数 η_j

条　件		η_j
当楼板为现浇、梁柱中线重合、四侧各梁截面宽度不小于该侧柱截面宽度的 $1/2$，且正交方向梁高度不小于较高框架梁高度的 $3/4$	9 度抗震设防	1.25
	6 度、7 度、8 度抗震设防和非抗震	1.5
其他		1.0

框架梁柱节点的抗震受剪承载力，应符合以下规定。

当为 9 度抗震设防时：

$$V_j \leqslant \frac{1}{\gamma_{RE}} \left[0.9\eta_j f_t b_j h_j + f_{yv} \frac{A_{svj}}{s}(h_{b0} - a'_s) \right] \quad (6.35a)$$

当为非 9 度设防时：

$$V_j \leqslant \frac{1}{\gamma_{RE}} \Big[1.1\eta_j f_t b_j h_j + 0.05\eta_j N \frac{b_j}{b_c}$$

$$+ f_{yv} \frac{A_{svj}}{s}(h_{b0} - a'_s) \Big] \quad (6.35b)$$

式中：V_j 为节点核心区考虑抗震的设计剪力，应根据"强节点"的原则按表 6.40 计算。

表 6.40 节点核心区考虑抗震的设计剪力

抗震等级	顶　层	其他层
二	$V_j = 1.2 \dfrac{(M_b^l + M_b^r)}{h_{b0} - a_s}$	$V_j = 1.2 \dfrac{(M_b^l + M_b^r)}{h_{b0} - a_s}\left(1 - \dfrac{h_{b0} - a'_s}{H_c - h_b}\right)$

抗震等级		顶 层	其 他 层
一		$V_j = 1.35 \dfrac{(M_b^l + M_b^r)}{h_{b0} - a_s'}$	$V_j = 1.35 \dfrac{(M_b^l + M_b^r)}{h_{b0} - a_s'} \left(1 - \dfrac{h_{b0} - a_s'}{H_c - h_b}\right)$
	9 度设防烈度	$V_j = 1.15 \dfrac{(M_{bua}^l + M_{bua}^r)}{h_{b0} - a_s'}$	$V_j = 1.15 \dfrac{(M_{bua}^l + M_{bua}^r)}{h_{b0} - a_s'} \left(1 - \dfrac{h_{b0} - a_s'}{H_c - h_b}\right)$

注 $(M_b^l + M_b^r)$ 为节点左、右梁端逆时针或顺时针方向组合的弯矩设计值之和，一级抗震节点左、右梁端弯矩均为负值时，绝对值较小的弯矩应取 0；$(M_{bua}^l + M_{bua}^r)$ 为节点左、右梁端逆时针或顺时针方向按实配钢筋面积（计入受压钢筋）和材料强度标准值计算的受弯承载力所对应的弯矩设计值之和；h_{b0} 为梁截面的有效高度，节点两侧梁截面高度不等时，可采用平均值；H_c 为柱的计算高度，可采用节点上、下柱反弯点之间的距离；h_b 为梁的截面高度，节点两侧梁截面高度不等时，可采用平均值。

当框架柱与框架梁（楼板）采用不同强度的混凝土时，为方便施工，也可以在节点处采用与框架梁（楼板）相同等级的混凝土共同浇捣。此时，节点核心区的混凝土由于受到梁和楼板的约束，其强度会有所提高，因而节点承载力验算时，皆应按折算后的混凝土强度标号进行验算。节点核心区的混凝土强度折算建议按照表 6.41 所列公式进行。

表 6.41 节点核心区混凝土强度折算公式

位 置		强度折算公式
中柱		$f_{ce} = 0.25 f_{cc} + 1.05 f_{cb} \leqslant f_{cc}$
角柱		$f_{ce} = 0.38 f_{cc} + 0.66 f_{cb} \leqslant f_{cc}$
边柱	有梁楼板	$f_{ce} = 0.05 f_{cc} + 1.32 f_{cb} \leqslant f_{cc}$
	无梁楼板	$f_{ce} = 0.45 f_{cc} + 0.68 f_{cb} \leqslant f_{cc}$

注 f_{ce} 为折算后的节点核心区混凝土强度；f_{cc} 为柱混凝土强度；f_{cb} 为梁（楼板）混凝土强度。

2.6.3 节点区的构造要求

1. 框架梁、柱的纵向钢筋在框架节点区的锚固和搭接的相关规定

框架梁、柱的纵向钢筋在框架节点区的锚固和搭接应符合以

下相关规定：

（1）框架中间层的中间节点处，框架梁的上部纵向钢筋应贯穿中间节点；对于一、二级抗震等级，梁的下部纵向钢筋伸入中间节点的锚固长度不应小于 l_{aE}（钢筋的抗震锚固长度，应按表 6.42 计算），且伸过中心线不应小于 $5d$ ［见图 6.4（a）］。梁内贯穿中柱的每根纵向钢筋直径，对于一、二级抗震等级，不宜大于柱在该方向截面尺寸的 1/20；对于圆柱截面，不宜大于纵向钢筋所在位置柱截面弦长的 1/20。

表 6.42 钢筋的抗震锚固长度

抗　震　等　级	抗　震　锚　固　长　度
一、二	$l_{aE}=1.15l_a$
三	$l_{aE}=1.05l_a$
四	$l_{aE}=l_a$

注 l_a 为受拉钢筋的锚固长度，应按式（6.9）取用。

（2）框架中间层的端节点处，当框架梁上部纵向钢筋用直线锚固方向锚入端节点时，其锚固长度除不应小于 l_{aE} 外，尚应伸过柱中心线不小于 $5d$（d 为梁上部纵向钢筋的直径）。当水平直线段锚固长度不足时，梁上部纵向钢筋应伸至柱外边并向下弯折。弯折前的水平投影长度不应小于 $0.4l_{aE}$，弯折后的竖直投影长度取 $15d$ ［见图 6.4（b）］梁下部纵向钢筋在中间层端节点中的锚固措施与梁上部纵向钢筋相同，但竖直段应向上弯入节点。

（3）框架顶层中间节点处，柱纵向钢筋应伸至柱顶。当采用直线锚固方式时，其自梁底边算起的锚固长度应不小于 l_{aE}，当直线段锚固长度不足时，该纵向钢筋伸到柱顶后可向内弯折，弯折前的锚固段竖向投影长度不应小于 $0.5l_{aE}$，弯折后的水平投影长度取 $12d$；当楼盖为现浇混凝土，且板的混凝土强度不低于 C20、板厚不小于 80mm 时，也可向外弯折，弯折后的水平投影长度取 $12d$ ［见图 6.4（c）］。对于一、二级抗震等级，贯穿顶层中间节点的梁上部纵向钢筋的直径，

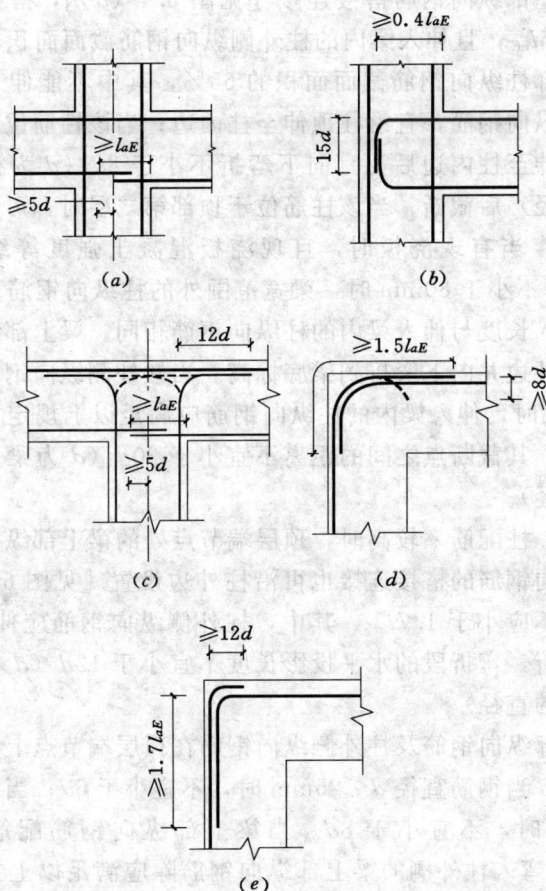

图 6.4 抗震设计时框架梁、柱在节点区的锚固和搭接要求

(a) 中间层中间节点；(b) 中间层端节点；(c) 顶层中间节点；

(d) 顶层端节点（一）；(e) 顶层端节点（二）

不宜大于柱在该方向截面尺寸的 1/25。梁下部纵向钢筋在顶层中间节点中的锚固措施与梁下部纵向钢筋的中间层中间节点处的锚固措施相同。

(4) 框架顶层端节点处，柱外侧纵向钢筋可沿节点外边和梁上边与梁上部纵向钢筋搭接连接［见图 6.4 (d)］，搭接长度不应小于 $1.5l_{aE}$，且伸入梁内的柱外侧纵向钢筋截面面积不宜少于柱外侧全部柱纵向钢筋截面面积的 65%，其中不能伸入梁内的柱外侧柱纵向钢筋，宜沿柱顶伸至柱内边；当该柱筋位于顶部第一层时，伸至柱内边后，宜向下弯折不小于 $8d$（d 为柱外侧纵向钢筋直径）后截断；当该柱筋位于顶部第二层时，可伸至柱内边后截断；当有现浇板时，且现浇板混凝土强度等级不低于 C20、板厚不小于 80mm 时，梁宽范围外的柱纵向钢筋可伸入板内，其伸入长度与伸入梁内的柱纵向钢筋相同。梁上部纵向钢筋应伸至柱外边并向下弯折到梁底标高。当柱外侧纵向钢筋配筋率大于 1.2% 时，伸入梁内的柱纵向钢筋应满足以上规定，且宜分两批截断，其截断点之间的距离不宜小于 $20d$（d 为梁上部纵向钢筋的直径）。

当梁、柱配筋率较高时，顶层端节点处的梁上部纵向钢筋和柱外侧纵向钢筋的搭接连接也可沿柱外边设置［见图 6.4 (e)］，搭接长度不应小于 $1.7l_{aE}$，其中，柱外侧纵向钢筋应伸至柱顶，并向内弯折，弯折段的水平投影长度不宜小于 $12d$（d 为柱外侧纵向钢筋的直径）。

梁上部纵向钢筋及柱外侧纵向钢筋在顶层端节点上角处的弯弧内半径，当钢筋直径 $d \leqslant 25$mm 时，不宜小于 $6d$；当钢筋直径 $d > 25$mm 时，不宜小于 $8d$。当梁上部纵向钢筋配筋率大于 1.2% 时，弯入柱外侧的梁上部纵向钢筋除应满足以上搭接长度外，且宜分两批截断，其截断点之间的距离不宜小于 $20d$（d 为梁上部纵向钢筋直径）。

梁下部纵向钢筋在顶层端节点中的锚固措施与中间层端节点处梁上部纵向钢筋的锚固措施相同。柱内侧纵向钢筋在顶层端节点中的锚固措施与顶层中间节点处柱纵向钢筋的锚固措施相同。当柱为对称配筋时，柱内侧纵向钢筋在顶层端节点中的锚固要求可适当放宽，但柱内侧纵向钢筋应伸至柱顶。

（5）柱纵向钢筋不应在中间各层节点内截断。

2. 框架节点核心区的水平箍筋设置

框架节点核心区箍筋的最大间距、最小直径宜按柱端箍筋加密区的有关规定取用，对于一、二、三级抗震等级的框架节点核心区，配箍特征值分别不宜小于 0.12、0.10、0.08，且其箍筋体积配筋率分别不宜小于 0.6%、0.5%、0.4%。当框架柱剪跨比不大于 2 时，核心区配箍特征值不宜小于核心区上、下柱端配箍特征值中的较大值。

第7章 框架结构设计实例详解

第1节 工程设计基本资料

南京市区某办公楼，采用现浇混凝土框架结构，主体结构为4层，层高3.3m。设计使用年限为50年；安全等级为二级；环境类别为一类；抗震设防类别为丙类；地基基础设计等级为丙级。

室内相对标高±0.00，相当于绝对标高5.20m，室内外高差0.6m。柱网布置如图7.1所示。

图7.1 结构柱网布置

（1）楼面做法：顶面，房间为硬木地板，走廊为小瓷砖地面；底面为15mm厚混合砂浆，外涂白色乳胶漆。

（2）屋面做法：上人屋面，现浇楼板上铺100mm厚水泥蛭石保温层，20mm厚1:2水泥砂浆找平层，三毡四油防水层，40mm厚细石混凝土保护层。

（3）墙身做法：填充墙为加气混凝土砌块，外墙厚度

180mm，贴瓷砖墙面，设钢框玻璃窗，窗高 1.8m；内墙厚度 120mm，墙面为 20mm 混合砂浆，外涂白色乳胶漆；女儿墙高 1.4m，厚度 180mm，贴瓷砖墙面。

（4）场地类别为 Ⅱ 类，基础埋深 0.5m。

第 2 节　计算参数确定

2.1　基本参数

1. 安全等级确定

依据《混凝土结构设计规范》（GB 50010—2002）第 3.2.3 条：对于安全等级为二级或者使用年限为 50 年的结构构件，其重要性系数 γ_0 不应小于 1.0，此处取 1.0。

2. 抗震设防烈度

查《抗震规范》（GB 50011—2001）附录 A0.1 可知，南京市区的抗震设防烈度为 7 度，设计基本地震加速度为 $0.10g$，设计地震分组为第一组。

3. 基本风压

查《荷载规范》（GB 50009—2001）附表 D.4 可知，南京地区 50 年一遇基本风压为 $0.4kN/m^2$，地面粗糙度类别为 C 类。

4. 基本雪压

查《荷载规范》（GB 50009—2001）附表 D.4 可知，南京地区 50 年一遇雪压为 $0.65\ kN/m^2$。

5. 活荷载取值

查表 3.1 和表 3.4 可得活荷载取值，如表 7.1 所示。

6. 底层柱高

底层柱高应计算至基础顶面，即

$$H_1 = 3.3 + 0.6 + 0.5$$
$$= 4.4m$$

表 7.1　活荷载取值　单位：kN/m^2

活载位置	活荷载取值
房间	2.0
走廊	2.5
上人屋面	2.0

7. 房屋的建筑高度

房屋的建筑高度为

$$H = 3.3 \times 4 + 0.6 + 1.4 = 15.2\text{m}$$

8. 抗震等级

查表 6.23，因为场地类别为 II 类，房屋高度小于 30m，所以框架抗震等级为三级。

9. 轴压比限值

查表 6.32，得到框架柱轴压比限值为 0.9。

10. 结构阻尼比

混凝土结构可取 $\zeta = 0.05$。

11. 结构自振周期估算

根据《荷载规范》（GB 50009—2001）附录公式 E.2.1.3，得

$$T_1 = 0.25 + 0.53 \times 10^{-3} \frac{H^2}{\sqrt[3]{B}}$$

$$= 0.25 + 0.53 \times 10^{-3} \frac{15^2}{\sqrt[3]{37.8}}$$

$$= 0.65\text{s}$$

2.2 材料参数取用

结构各构件选用的材料及其强度设计值如表 7.2 所示。

表 7.2 选用材料及其强度 单位：N/mm²

项　　目		强　度　值
C30 混凝土（柱、梁）	轴心抗压强度设计值	14.3
	轴心抗拉强度设计值	1.43
C20 混凝土（楼板）	轴心抗压强度设计值	9.6
	轴心抗拉强度设计值	1.10
HRB335 钢筋（梁、柱受力筋）	强度设计值	300
HPB235 钢筋（板受力筋，梁、柱箍筋）	强度设计值	210

2.3 结构构件参数估算

框架梁截面按照跨度进行估算，如表 7.3 所示。

表 7.3　　　　　　　　　**框架梁截面估算**

梁布设方向	跨度(m)	系数	梁高(m)	实际选用梁高(m)	实际选用梁宽(m)
横向	6	1/12	0.5	0.5	0.25
纵向	4.2	1/12	0.35	0.4	0.25

　　框架柱截面根据所分摊的楼层荷载，由轴压比控制进行估算，如表 7.4 所示。

表 7.4　　　　　　　　　**框架柱截面估算**

楼层自重(N/m²)	分项系数	负荷面积(m²)	层数	弯矩放大系数
14000	1.25	17.64	4	1.05
轴力(N)	混凝土强度(N/mm²)	轴压比限值	所需截面面积(mm²)	实际选用截面尺寸(mm×mm)
1296540	14.3	0.9	100741.259	350×350

　　楼板、厚度按照板跨进行估算，如表 7.5 所示。

表 7.5　　　　　　　　　**楼板、屋面板厚度估算**

位置	跨度(m)	系数	计算板厚度(m)	最小厚度限值(m)	实际选用板厚度(m)
楼板	4.2	1/45	0.09	0.08	0.1
屋面板	4.2	1/35	0.12	0.08	0.12

2.4　荷载（作用）计算及计算简图

　　以 A5～D5 轴线横向框架为例，该榀框架立面尺寸如图 7.2 所示。

2.4.1　活荷载

　　楼面活荷载的取值以及每层楼面的活荷载统计如表 7.6 所示。

表 7.6　　　　　　　　　**楼面活荷载计算汇总**

位置	均布活荷载(kN/m²)	楼面面积(m²)	楼面活荷载(kN)	活荷载小计(kN)
房间	2	453.6	907.2	1134
走廊	2.5	90.72	226.8	

屋面活荷载的取值以及屋面的活荷载统计如表 7.7 所示。

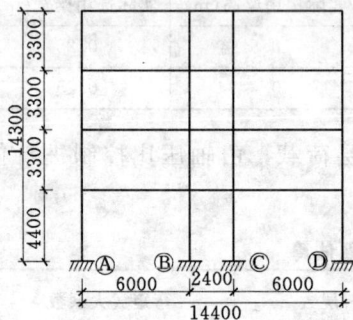

图 7.2 横向框架立面图
（AD 轴线）

表 7.7 屋面活荷载计算汇总

均布活荷载 (kN/m²)	屋面面积 (m²)	屋面活荷载 (kN)
2	544.32	1088.64

楼、屋面活荷载按照图 7.3 所示导荷方式传递到相应的框架梁上。对于 A5～D5 榀框架，其框架梁按照图 7.3 所示阴影面积承受楼屋面传来的活荷载；此外，纵向框架梁所分担的活荷载还以集中力的形式作用于对应的框架柱上，经计算得到该榀框架在活荷载作用下的受力简图如图 7.4 所示。

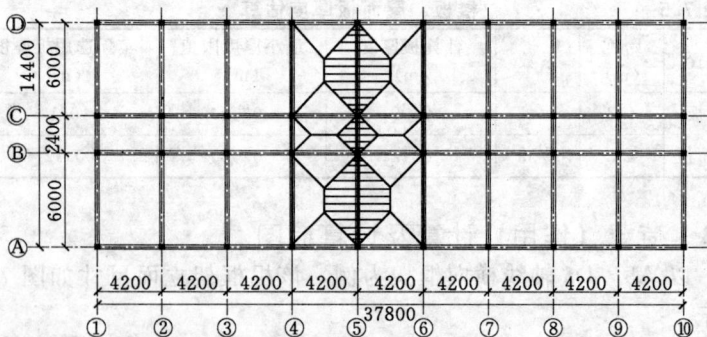

图 7.3 荷载传导方式

以顶层 A5 柱为例，说明图 7.4 中柱上集中力的计算。其上集中力由纵向梁 A4—5 与 A5—6 传来，梁 A4—5 上所分担的活荷载面积为 $4.2 \times 2.1/2 = 4.41 \text{m}^2$，梁 A4—5 传向 A5 柱的集中力为 $4.41 \times 2.0/2 = 4.41 \text{kN}$，同样梁 A5—6 传向 A5 柱的集中力也是 4.41kN，所以 A5 柱上作用的集中力共

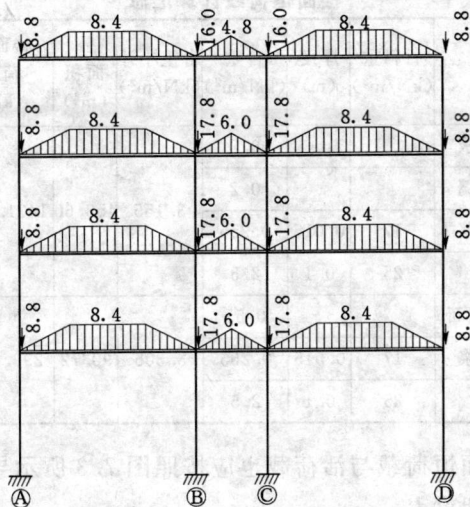

图 7.4　活荷载计算简图

计 8.82kN。

2.4.2　恒荷载计算

查本书附录 A，可以得到结构中各部分材料的自重，从而计算得到作用于结构上的恒荷载。

1. 楼、屋面恒荷载计算

楼、屋面恒荷载计算分别如表 7.8 和表 7.9 所示。

表 7.8　　　　　　　　　　　屋面恒荷载计算汇总

项　　　目	材料重 (kN/m³)	厚度 (m)	自重 (kN/m²)	自重小计 (kN/m²)	屋面面积 (m²)	屋面恒荷载 (kN)
水泥蛭石保温层	5	0.1	0.5			
水泥砂浆找平层	20	0.02	0.4			
三毡四油防水层			0.4	5.18	544.32	2819.5776
细石混凝土保护层	22	0.04	0.88			
楼板	25	0.12	3			

表 7.9 楼面恒荷载计算汇总

位置	项目	材料重 (kN/m³)	厚度 (m)	自重 (kN/m²)	自重小计 (kN/m²)	楼面面积 (m²)	楼面恒荷载 (kN)	楼面恒荷载小计 (kN)
房间楼面	硬木地板			0.2	3.155	453.60	1431.1080	1730.9376
	地板隔栅			0.2				
	混合砂浆	17	0.015	0.255				
	楼板	25	0.1	2.5				
走廊楼面	小瓷砖地面			0.55	3.305	90.72	299.8296	
	混合砂浆	17	0.015	0.255				
	楼板	25	0.1	2.5				

楼、屋面恒荷载与活荷载也应按照图 7.3 所示导荷方式传递到相应的框架梁上。

2. 梁上填充墙计算

梁上填充墙计算如表 7.10～表 7.13 所示。

表 7.10 墙 体 自 重 计 算

位 置	项 目	材料重 (kN/m³)	厚度 (m)	墙重 (kN/m²)	小计 (kN/m²)
外墙	加气混凝土砌块	5.5	0.18	0.99	1.49
	贴瓷砖墙面			0.5	
内墙	加气混凝土砌块	5.5	0.12	0.66	1
	混合砂浆	17	0.02	0.34	
女儿墙	加气混凝土砌块	5.5	0.18	0.99	1.49
	贴瓷砖墙面			0.5	

表 7.11 屋面梁上墙体（女儿墙）自重计算

位置	墙重 (kN/m²)	墙高 (m)	均布墙重 (kN/m)	跨度 (m)	数量	重量 (kN)	总重 (kN)
外纵墙轴线	1.49	1.4	2.086	37.8	2	157.7016	217.7784
内纵墙轴线	0	0	0	37.8	2	0	

续表

位置	墙重 (kN/m²)	墙高 (m)	均布墙重 (kN/m)	跨度 (m)	数量	重量 (kN)	总重 (kN)
外横墙轴线	1.49	1.4	2.086	14.4	2	60.0768	217.7784
内横墙轴线	0	0	0	14.4	8	0	

表 7.12　　　　　　　　1~3 层梁上墙体自重计算

位置	墙重 (kN/m²)	梁高 (m)	钢框玻璃窗 (kN/m²)	窗高 (m)	层高 (m)	均布墙重 (kN/m)	跨度 (m)	数量	重量/层 (kN)	总重/层 (kN)
外纵墙轴线	1.49	0.4	0.45	1.8	3.3	2.449	37.8	2	185.1444	847.098
内纵墙轴线	1	0.4	无	无	3.3	2.9	37.8	2	219.24	
外横墙轴线	1.49	0.5	无	无	3.3	4.172	14.4	2	120.1536	
内横墙轴线	1	0.5	无	无	3.3	2.8	14.4	8	322.56	

表 7.13　　　　　　　　　　底层墙体自重计算

位置	墙重 (kN/m²)	梁高 (m)	钢框玻璃窗 (kN/m²)	窗高 (m)	层高 (m)	均布墙重 (kN/m)	跨度 (m)	数量	重量/层 (kN)	总重/层 (kN)
外纵墙轴线	1.49	0.4	0.45	1.8	4.4	4.088	37.8	2	309.0528	1228.0896
内纵墙轴线	1	0.4	0.45	0	4.4	4	37.8	2	302.4	
外横墙轴线	1.49	0.5	0.45	0	4.4	5.811	14.4	2	167.3568	
内横墙轴线	1	0.5	0.45	0	4.4	3.9	14.4	8	449.28	

如图 7.5 和图 7.6 所示，隔墙荷载分别作用于相应的框架梁上。

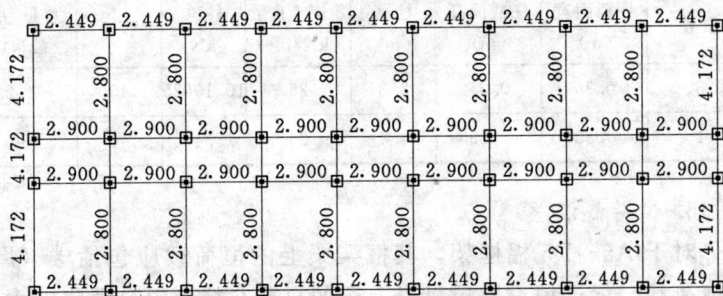

图 7.5　1~3 层梁上隔墙荷载图（kN/m）

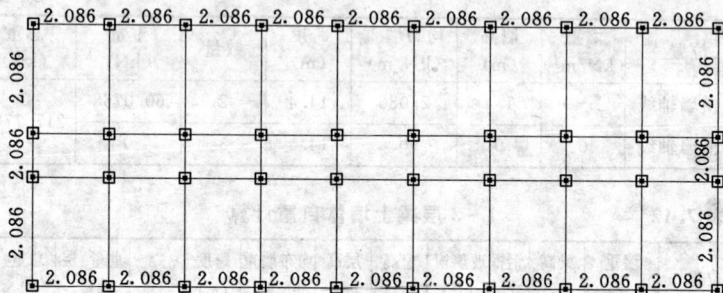

图 7.6 屋面梁上隔墙荷载图 (kN/m)

3. 梁自重计算

梁自重计算如表 7.14 所示。

表 7.14 梁 自 重 计 算

位置	梁宽 (m)	梁高 (m)	混凝土自重 (kN/m³)	均布梁重 (kN/m)	跨度 (m)	数量	重量/层 (kN)	总重/层 (kN)
纵轴线	0.25	0.4	25	2.5	37.8	4	378	828
横轴线	0.25	0.5	25	3.125	14.4	10	450	

4. 柱自重计算

柱自重计算如表 7.15 所示。

表 7.15 柱 自 重 计 算

层数	柱截面宽 (m)	柱截面高 (m)	柱高 (m)	混凝土自重 (kN/m³)	柱重 (kN)	数量	重量/层 (kN)
2、3、4	0.35	0.35	3.3	25	10.10625	40	404.25
1	0.35	0.35	4.4	25	13.475	40	539

5. 恒荷载汇总

对于 A5~D5 榀框架，其框架梁上的恒荷载应包括楼（屋）面恒荷载、梁上填充墙重量以及梁的自重。柱上恒荷载集中力应包括柱上纵向框架梁承担的恒荷载以及本层柱的自重。经计算得到该榀框架在恒荷载作用下的受力简图如图 7.7 所示。

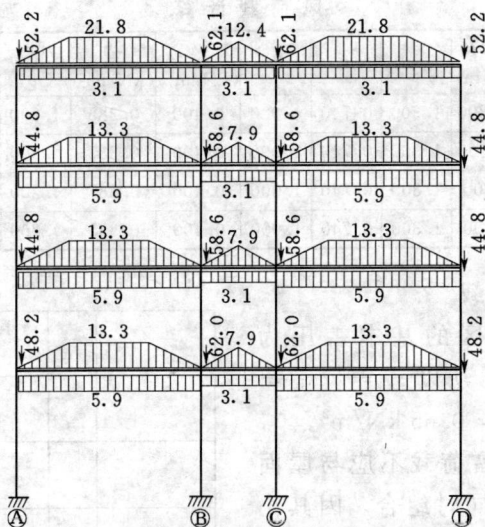

图 7.7　恒荷载计算简图

下面以第 3 层 A5 柱为例，说明图 7.7 中柱上集中力的计算方法与过程：

（1）楼面自重。经由纵向框架梁传向 A5 柱的楼面荷载面积为 4.2×2.1/2＝4.41m²。集中力为 4.41×3.155＝13.91kN。

（2）纵向梁上填充墙荷载。集中力为 4.2×2.449＝10.29kN。

（3）纵向梁自重。集中力为 4.2×2.5＝10.5kN。

（4）柱自重查表 7.15 可得 10.11kN。

综合以上四项，A5 柱上集中力为 13.91＋10.29＋10.5＋10.11＝44.81kN。

2.4.3　风荷载

风荷载的计算过程如表 7.16 所示。

表 7.16 中，$w_k = \mu_s \mu_z \beta_z w_0$；由于建筑高度小于 30m，所以 β_z 取 1.0；作用高度为节点上下各取半层高度。

最终得到风荷载的计算简图如图 7.8 所示。

表 7.16　　　　　　　　　　风 荷 载 计 算

层数	层高 (m)	离地高 度（m）	μ_s	μ_z	β_z	w_0 (kN/m²)	w_k (kN/m²)	开间 (m)	作用高 度（m）	F_{wk} (kN)
4	3.300	13.800	1.300	0.740	1.000	0.400	0.385	4.200	3.050	4.929
3	3.300	10.500	1.300	0.740	1.000	0.400	0.385	4.200	3.300	5.333
2	3.300	7.200	1.300	0.740	1.000	0.400	0.385	4.200	3.300	5.333
1	3.900	3.900	1.300	0.740	1.000	0.400	0.385	4.200	3.600	5.818

2.4.4　雪荷载

南京地区的基本雪压为 0.65kN/m^2，所以 $s_k = \mu_r s_0 = 1.0 \times 0.65 = 0.65\ \text{kN/m}^2$。

注意：雪荷载不应与屋面均布活荷载同时组合。因其小于上人屋面的活荷载 2.0kN，所以此处不考虑雪荷载。

2.4.5　地震作用

1. 重力荷载代表值计算

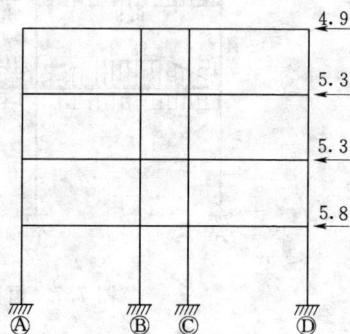

图 7.8　风荷载计算简图

建筑的重力荷载代表值应取结构、构配件自重标准值与各可变荷载组合值之和，具体过程如表 7.17 所示。表 7.17 中，各永久荷载的组合值系数取 1.0；各可变荷载的组合值系数，应按表 3.19 取用。

表 7.17　　　　　　　　重力荷载代表值计算

层数	荷载项目	荷载值 (kN)	组合值系数	层重力荷载代表值 G_i(kN)
4	屋面恒荷载	1431.108	1.0	3279.464
	雪荷载	353.808	0.5	
	墙自重（上下各半层）	641.327	1.0	
	梁自重	828.000	1.0	
	柱自重（上下各半层）	202.125	1.0	

续表

层数	荷载项目	荷载值 （kN）	组合值系数	层重力荷载代表值 G_i（kN）
2、3	楼面恒荷载	1730.938	1.0	4377.286
	楼面活荷载	1134.000	0.5	
	墙自重（上下各半层）	847.098	1.0	
	梁自重	828.000	1.0	
	柱自重（上下各半层）	404.250	1.0	
1	楼面恒荷载	1730.938	1.0	4635.157
	楼面活荷载	1134.000	0.5	
	墙自重（上下各半层）	1037.594	1.0	
	梁自重	828.000	1.0	
	柱自重（上下各半层）	471.625	1.0	

根据表 7.17，等效总重力荷载为

$$G_{eq} = \sum 0.85 G_i = 14168.814\text{kN}$$

2. 底部剪力法计算水平地震作用

查表 3.14，可得水平地震影响系数最大值为 0.08；查表 3.15，可得场地特征周期 T_g 为 0.35s；阻尼比 $\zeta = 0.05s$，查表 3.13 可得 $\gamma = 0.9$，$\eta_2 = 1$；结构基本周期 T_1 约为 0.65s。

因为 $T_g < T_1 < 5T_g$，所以

$$\alpha_1 = \left(\frac{T_g}{T_1}\right)^{\gamma} \eta_2 \alpha_{\max} = 0.0430769$$

$$F_{EK} = \alpha_1 G_{eq} = 610.349\text{kN}$$

因为 $T_1/T_g = 1.857 > 1.4$，并且 $T_g \leqslant 0.35$，所以查表 3.20，可得顶部附加地震作用系数为

$$\delta_n = 0.08T_1 + 0.07 = 0.122$$

所以，有

$$\Delta F_n = \delta_n F_{EK} = 74.463\text{kN}$$

$$F_{EK}(1 - \delta_n) = 535.886\text{kN}$$

各楼层的水平地震作用及层间剪力如表 7.18

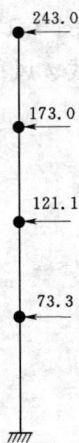

243.0

173.0

121.1

73.3

图 7.9　地震作用计算简图

所示。地震作用的计算简图如图 7.9 所示。

表 7.18   **水平地震作用计算表**

层数	层高 (m)	高度 H_i (m)	G_i (kN)	G_iH_i	$G_iH_i/$ $\sum(G_iH_i)$	F_{i0} (kN)	ΔF_n (kN)	F_i (kN)	层间剪力 V_i (kN)
4	3.300	14.300	3279.464	46896.335	0.314	168.500	74.463	242.963	242.963
3	3.300	11.000	4377.286	48150.146	0.323	173.005		173.005	415.968
2	3.300	7.700	4377.286	33705.102	0.226	121.103		121.103	537.071
1	4.400	4.400	4635.156	20394.686	0.137	73.279		73.279	610.350
	$\sum(G_iH_i)$			149146.269					

第 3 节　内 力 计 算

竖向荷载作用下的内力计算采用分层法，水平荷载作用下的内力计算采用 D 值法。

计算框架梁的截面惯性矩时考虑到现浇楼板的作用，取中梁刚度放大系数为 2，即 $I=2I_0$。当采用分层法计算内力时，非底层柱刚度应乘以折减系数 0.9。这样分别计算，可得到采用分层法和 D 值法计算时框架的计算线刚度，如图 7.10 和图 7.11 所示。在此基础上就可以进行不同荷载（活荷载、恒荷载、风荷载和地震作用）作用下的内力计算。

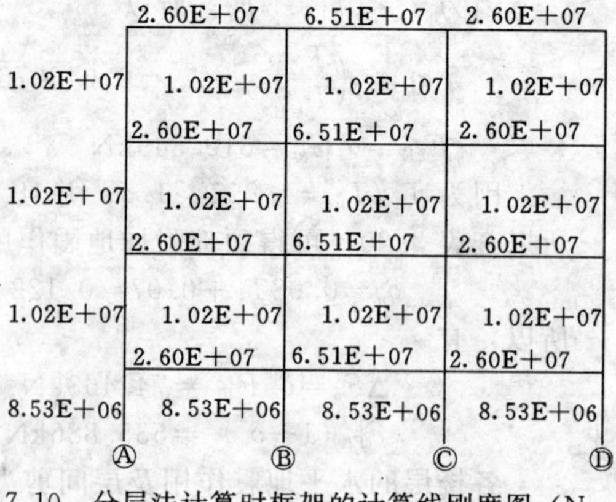

图 7.10　分层法计算时框架的计算线刚度图（N·m）

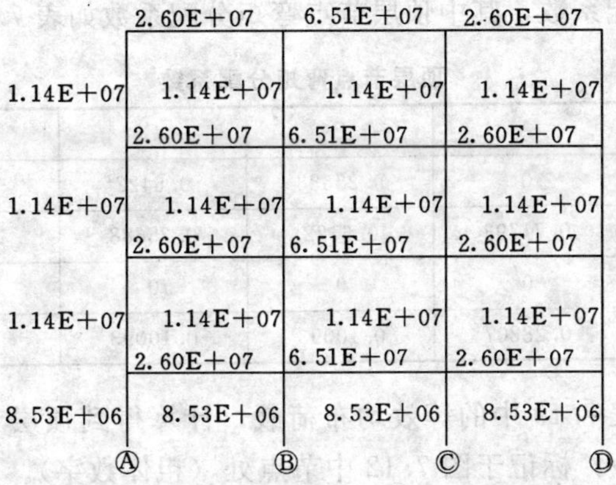

	2.60E+07	6.51E+07	2.60E+07
1.14E+07	1.14E+07	1.14E+07	1.14E+07
	2.60E+07	6.51E+07	2.60E+07
1.14E+07	1.14E+07	1.14E+07	1.14E+07
	2.60E+07	6.51E+07	2.60E+07
1.14E+07	1.14E+07	1.14E+07	1.14E+07
	2.60E+07	6.51E+07	2.60E+07
8.53E+06	8.53E+06	8.53E+06	8.53E+06
Ⓐ	Ⓑ	Ⓒ	Ⓓ

图 7.11　D 值法计算时框架的计算线刚度图

(N·m)

3.1　竖向活荷载作用下的框架内力

由于活荷载标准值较小（小于 4kN/m²），因而计算活荷载作用下的结构内力时，可不考虑活荷载最不利布置，直接采用满布荷载法。

首先按固端弯矩等效的原则，将图 7.4 中的梯形荷载和三角形荷载按照图 4.3 所示过程转换为等效均布荷载，结果如表 7.19 所示。

表 7.19	各层梁上等效均布线荷载		单位：kN/m
层　　数	AB 梁	BC 梁	CD 梁
4	6.7022	3	6.7022
3	6.7022	3.75	6.7022
2	6.7022	3.75	6.7022
1	6.7022	3.75	6.7022

下面将框架分解，分层计算各开口框架在活荷载下的弯矩。

3.1.1　弯矩的首次分配与传递

1. 顶层

根据图 7.10 中各杆件的线刚度，计算得到与节点相连杆件

的弯矩分配系数，其中顶层节点弯矩分配系数如表 7.20 所示。

表 7.20 顶层节点弯矩分配系数

节点号	A	B	C	D
左梁	0	0.25688	0.6422	0.71793
右梁	0.71793	0.6422	0.25688	0
上柱	0	0	0	0
下柱	0.28207	0.10093	0.10093	0.28207

按照表 7.19 中的等效均布荷载，计算得到顶层节点处相应的固端弯矩，标记于图 7.12 中节点处（粗体数字）。然后按照弯矩分配系数，进行力矩分配，具体过程如图 7.12 所示。图 7.12 中斜体字为每次分配的不平衡弯矩，最终的杆端弯矩为加下划线的数字。

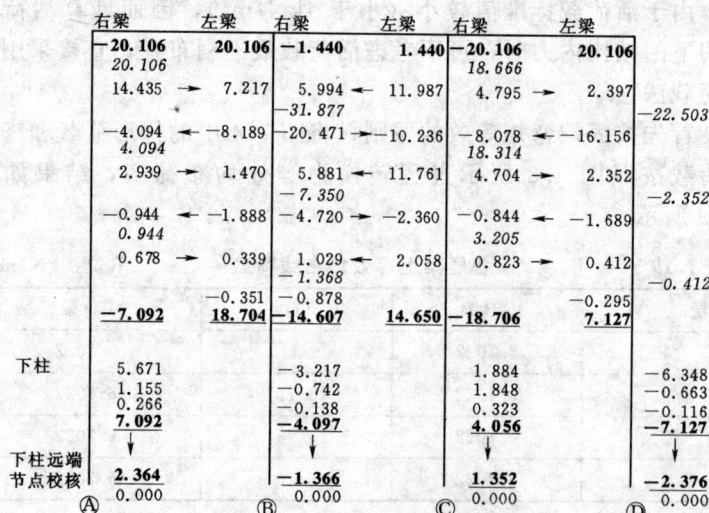

图 7.12 顶层节点弯矩分配与传递过程 （kN·m）

2. 中间层

根据图 7.10 中各杆件的线刚度，计算得到与节点相连杆件

的弯矩分配系数，其中中间层（2～3 层）节点弯矩分配系数如表 7.21 所示。

表 7.21　　　　　　　　　中间层节点弯矩分配系数

节点号	A	B	C	D
左梁	0	0.23333	0.58332	0.55998
右梁	0.55998	0.58332	0.23333	0
上柱	0.22001	0.091673	0.091673	0.22001
下柱	0.22001	0.091673	0.091673	0.22001

　　按照表 7.19 中的等效均布荷载，计算得到中间层节点处相应的固端弯矩，标记于图 7.13 中的节点处（粗体数字）。然后按照弯矩分配系数，进行力矩分配，具体过程如图 7.13 所示。图 7.13 中斜体字为每次分配的不平衡弯矩，最终的杆端弯矩为加下划线的数字。

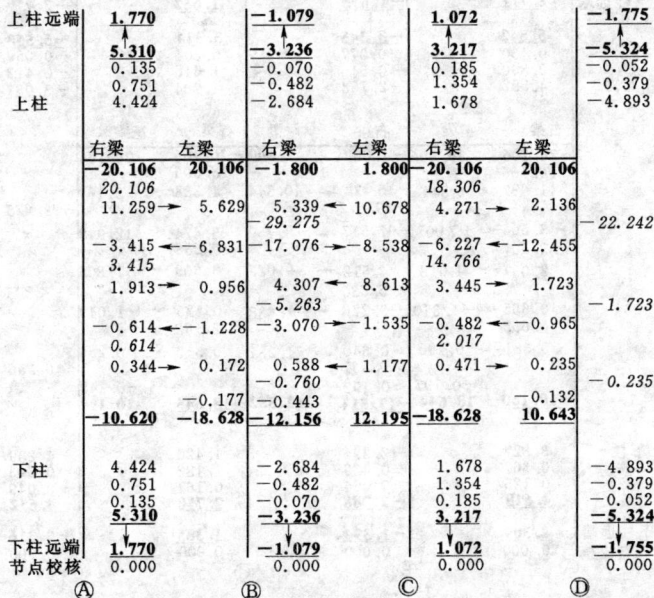

图 7.13　中间层节点弯矩分配与传递过程（kN·m）

3. 底层

根据图 7.10 中各杆件的线刚度，计算得到与节点相连杆件的弯矩分配系数，其中底层节点弯矩分配系数如表 7.22 所示。

表 7.22 底层节点弯矩分配系数

节点号	A	B	C	D
左梁	0	0.23695	0.59237	0.58129
右梁	0.58129	0.59237	0.23695	0
上柱	0.22839	0.093095	0.093095	0.22839
下柱	0.19032	0.07758	0.07758	0.19032

按照表 7.19 中的等效均布荷载，计算得到底层节点处相应的固端弯矩，标记于图 7.14 中的节点处（粗体数字）。然后按照弯矩分配系数，进行力矩分配，具体过程如图 7.14 所示。图 7.14 中斜体字为每次分配的不平衡弯矩，最终的杆端弯矩为加

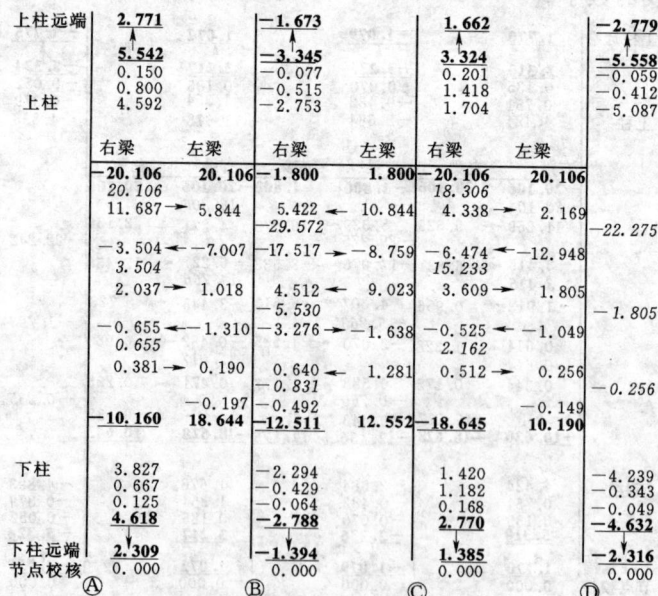

图 7.14 底层节点弯矩分配与传递过程（kN·m）

下划线的数字。

3.1.2　不平衡弯矩的二次分配及总弯矩图

将各开口框架的相同节点处的弯矩进行叠加，得到该榀框架节点处的杆端弯矩，如图 7.15 所示。图 7.15 中节点处存在不平衡弯矩，需要对节点不平衡弯矩进行二次分配，此时不再考虑弯矩传递，得到汇总后的框架节点处杆端弯矩如图 7.16 所示。图 7.15 和图 7.16 中的斜体字为节点的弯矩校核。

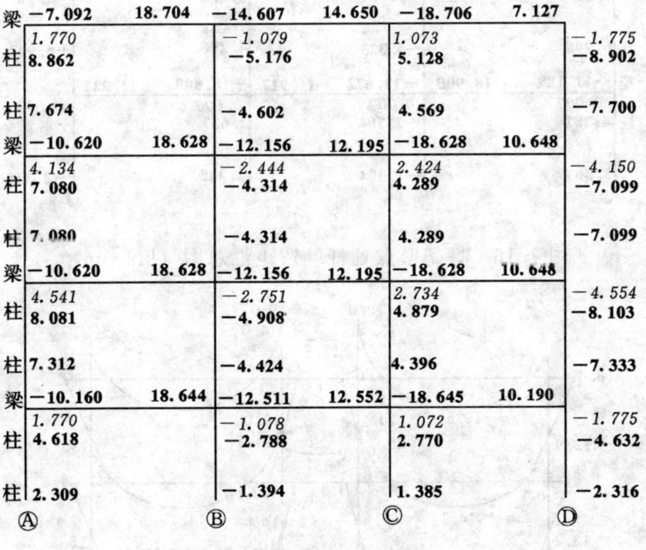

梁　−7.092　　18.704　　−14.607　　14.650　　−18.706　　7.127
柱　*1.770*　　　　　　　*−1.079*　　　　　　*1.073*　　　　　*−1.775*
　　8.862　　　　　　　　−5.176　　　　　　　5.128　　　　　−8.902

柱　7.674　　　　　　　　−4.602　　　　　　　4.569　　　　　−7.700
梁　−10.620　　18.628　　−12.156　　12.195　　−18.628　　10.648
柱　*4.134*　　　　　　　*−2.444*　　　　　　*2.424*　　　　　*−4.150*
　　7.080　　　　　　　　−4.314　　　　　　　4.289　　　　　−7.099

柱　7.080　　　　　　　　−4.314　　　　　　　4.289　　　　　−7.099
梁　−10.620　　18.628　　−12.156　　12.195　　−18.628　　10.648
柱　*4.541*　　　　　　　*−2.751*　　　　　　*2.734*　　　　　*−4.554*
　　8.081　　　　　　　　−4.908　　　　　　　4.879　　　　　−8.103

柱　7.312　　　　　　　　−4.424　　　　　　　4.396　　　　　−7.333
梁　−10.160　　18.644　　−12.511　　12.552　　−18.645　　10.190
柱　*1.770*　　　　　　　*−1.078*　　　　　　*1.072*　　　　　*−1.775*
　　4.618　　　　　　　　−2.788　　　　　　　2.770　　　　　−4.632

柱　2.309　　　　　　　　−1.394　　　　　　　1.385　　　　　−2.316
　　Ⓐ　　　　　　　　　　Ⓑ　　　　　　　　　Ⓒ　　　　　　　Ⓓ

图 7.15　一次分配后的框架节点处杆端弯矩（kN·m）

按照表 7.19 中的等效均布荷载，在图 7.16 基础上可计算得到各框架梁的跨中弯矩，从而得到整个框架的弯矩，如图 7.17 所示。

3.1.3　剪力计算

根据梁、柱的杆端弯矩和荷载可以由力矩平衡条件计算得到梁、柱的剪力，如图 7.18 所示。

3.1.4　柱轴力计算

根据节点竖向力平衡条件，可以计算得到框架柱的轴力图，如图 7.19 所示。

梁 −8.363　　18.981　−13.914　　13.962　−18.981　　8.401
　　　　0.000　　　　　　0.000　　　　　　　0.000
柱 8.363　　　　　　−5.067　　　　　5.020　　　　　−8.401

柱 6.765　　　　　　−4.378　　　　　4.346　　　　　−6.787
梁 −12.935　19.198　−10.730　10.781　−19.194　12.972
　　　　0.000　　　　　　0.000　　　　　　　0.000
柱 6.170　　　　　　−4.090　　　　　4.067　　　　　−6.186

柱 6.081　　　　　　−4.062　　　　　4.038　　　　　−6.097
梁 −13.163　19.270　−10.551　10.600　−19.266　13.198
　　　　0.000　　　　　　0.000　　　　　　　0.000
柱 7.082　　　　　　−4.656　　　　　4.628　　　　　−7.101

柱 6.908　　　　　　−4.323　　　　　4.296　　　　　−6.927
梁 −11.189　18.900　−11.872　11.917　−18.899　11.221
　　　　0.000　　　　　　0.000　　　　　　　0.000
柱 4.281　　　　　　−2.704　　　　　2.687　　　　　−4.294

　　2.309　　　　　　−1.394　　　　　1.385　　　　　−2.316
　Ⓐ　　　　　　　　Ⓑ　　　　　　　Ⓒ　　　　　　　Ⓓ

图 7.16　框架节点处杆端弯矩汇总图（kN・m）

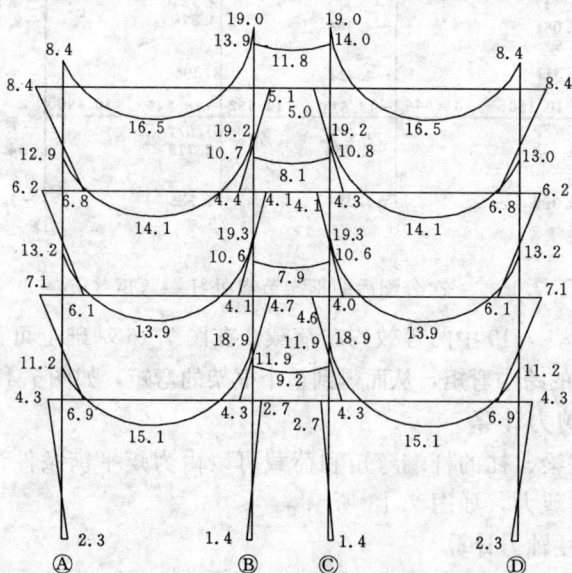

图 7.17　活荷载作用下的框架弯矩（kN・m）

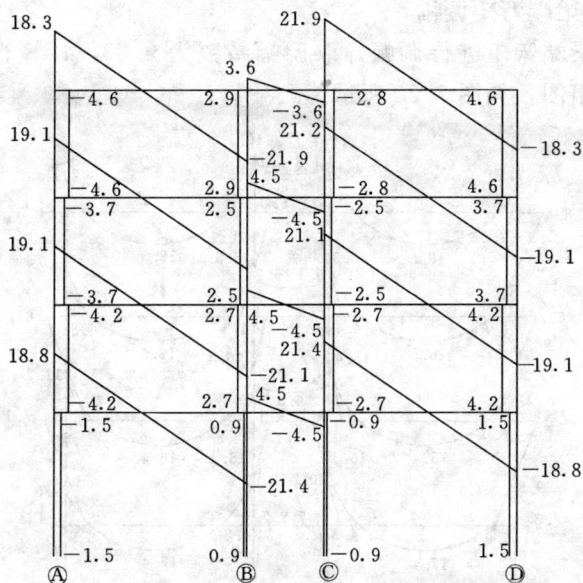

图 7.18　活荷载作用下的框架剪力（kN）

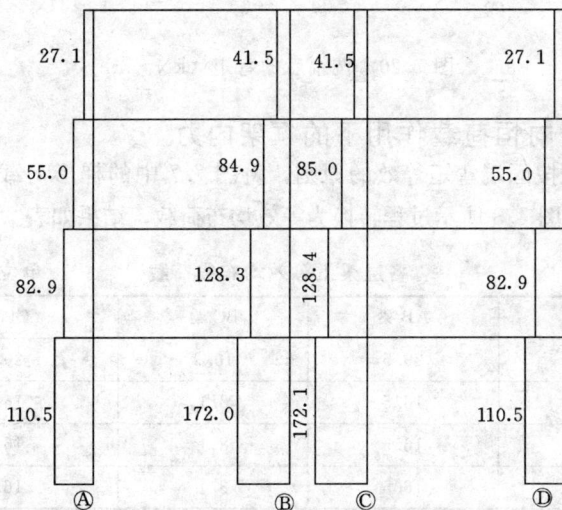

图 7.19　活荷载作用下框架柱的轴力（kN）

3.1.5 梁端弯矩调幅

对梁端弯矩进行调幅，取调幅系数为 0.85，计算得到调幅后的弯矩图，如图 7.20 所示。

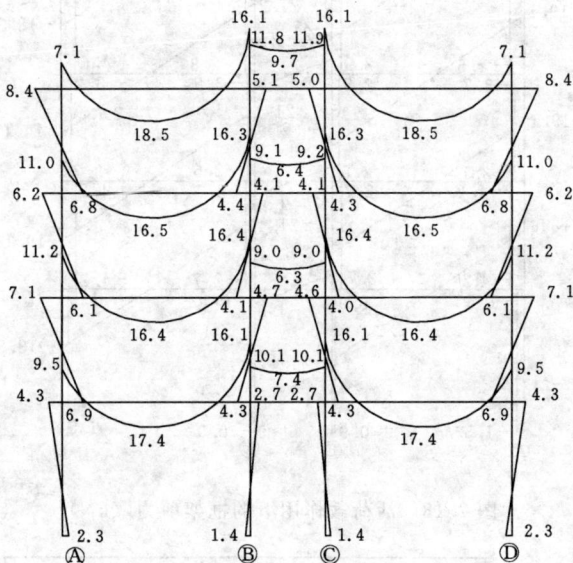

图 7.20 调幅后的弯矩（kN·m）

3.2 竖向恒荷载作用下的框架内力

首先按固端弯矩等效的原则，将图 7.7 中的梯形荷载和三角形荷载按照图 4.3 所示过程转换为等效均布荷载，结果如表 7.23 所示。

表 7.23　　　　　各层梁上等效均布线荷载　　　　　单位：kN/m

层数	AB 梁	BC 梁	CD 梁
4	20.5	10.9	20.5
3	16.5	8.1	16.5
2	16.5	8.1	16.5
1	16.5	8.1	16.5

下面将框架分解，分层计算各开口框架在活荷载下的弯矩。

3.2.1 弯矩的首次分配与传递

1. 顶层

根据图 7.10 中各杆件的线刚度，计算得到与节点相连杆件的弯矩分配系数，其中顶层节点弯矩分配系数如表 7.24 所示。

表 7.24　　　　　　　　顶层节点弯矩分配系数

节点号	A	B	C	D
左梁	0	0.25688	0.6422	0.71793
右梁	0.71793	0.6422	0.25688	0
上柱	0	0	0	0
下柱	0.28207	0.10093	0.10093	0.28207

按照表 7.23 中的等效均布荷载，计算得到顶层节点处相应的固端弯矩，标记于图 7.21 中节点处（粗体数字）。然后按照弯矩分配系数，进行力矩分配，具体过程如图 7.21 所示。图 7.21 中斜体字为每次分配的不平衡弯矩，最终的杆端弯矩为加下划线的数字。

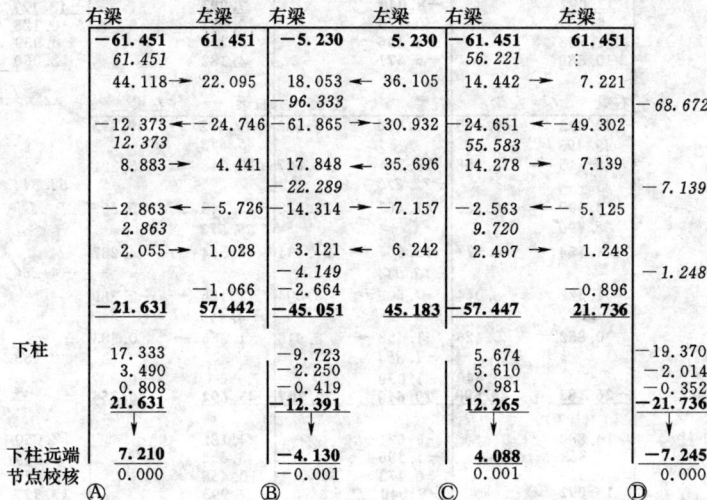

```
       右梁      左梁      右梁      左梁      右梁      左梁
      -61.451   61.451   -5.230    5.230   -61.451   61.451
       61.451                               56.221
       44.118→  22.095   18.053←  36.105   14.442 →  7.221
                        -96.333                              -68.672
      -12.373← -24.746  -61.865→ -30.932   24.651← -49.302
       12.373                               55.583
        8.883→   4.441   17.848←  35.696   14.278    7.139
                         -22.289
       -2.863←  -5.726  -14.314→  -7.157   -2.563←  -5.125
        2.863                                9.720
        2.055→   1.028    3.121←   6.242    2.497 →  1.248
                          -4.149                             -7.139
                          -2.664
               -1.066                        -0.896          -1.248
      -21.631   57.442  -45.051   45.183   -57.447   21.736

下柱   17.333           -9.723             5.674            -19.370
        3.490           -2.250             5.610            -2.014
        0.808           -0.419             0.981            -0.352
       21.631          -12.391            12.265           -21.736
          ↓                ↓                 ↓                 ↓
下柱远端 7.210           -4.130             4.088            -7.245
节点校核 0.000           -0.001             0.001             0.000
        Ⓐ               Ⓑ                 Ⓒ                 Ⓓ
```

图 7.21　顶层节点弯矩分配与传递过程（kN·m）

2. 中间层

根据图 7.10 中各杆件的线刚度，计算得到与节点相连杆件

的弯矩分配系数，其中中间层（2～3 层）节点弯矩分配系数如表 7.25 所示。

表 7.25 中间层节点弯矩分配系数

节点号	A	B	C	D
左梁	0	0.23333	0.58332	0.55998
右梁	0.55998	0.58332	0.23333	0
上柱	0.22001	0.091673	0.091673	0.22001
下柱	0.22001	0.091673	0.091673	0.22001

按照表 7.23 中的等效均布荷载，计算得到中间层节点处相应的固端弯矩，标记于图 7.22 中的节点处（粗体数字）。然后按照弯矩分配系数，进行力矩分配，具体过程如图 7.22 所示。图 7.22 中斜体字为每次分配的不平衡弯矩，最终的杆端弯矩为加下划线的数字。

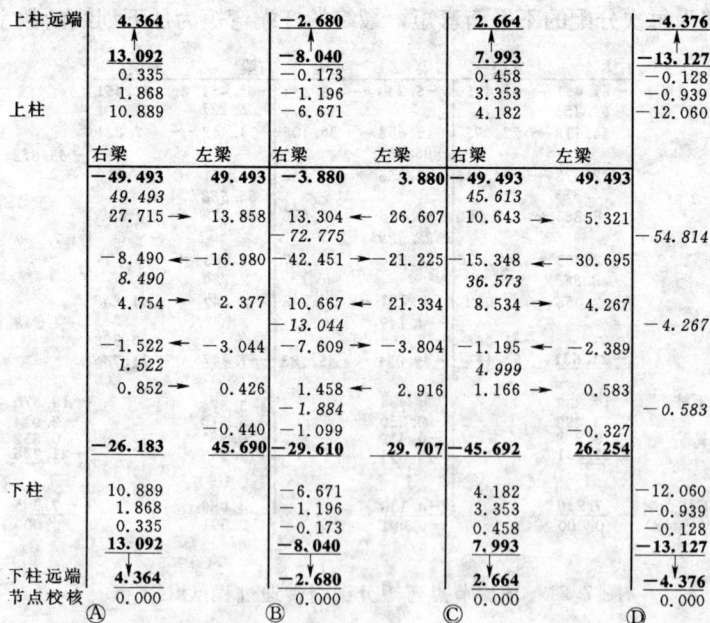

图 7.22 中间层节点弯矩分配与传递过程（kN·m）

3. 底层

根据图 7.10 中各杆件的线刚度，计算得到与节点相连杆件的弯矩分配系数，其中底层节点弯矩分配系数如表 7.26 所示。

表 7.26　　　　　　　　　　　底层节点弯矩分配系数

节点号	A	B	C	D
左梁	0	0.23695	0.59237	0.58129
右梁	0.58129	0.59237	0.23695	0
上柱	0.22839	0.093095	0.093095	0.22839
下柱	0.19032	0.07758	0.07758	0.19032

按照表 7.23 中的等效均布荷载，计算得到底层节点处相应的固端弯矩，标记于图 7.23 中的节点处（粗体数字）。然后按照弯矩分配系数，进行力矩分配，具体过程如图 7.23 所示。图

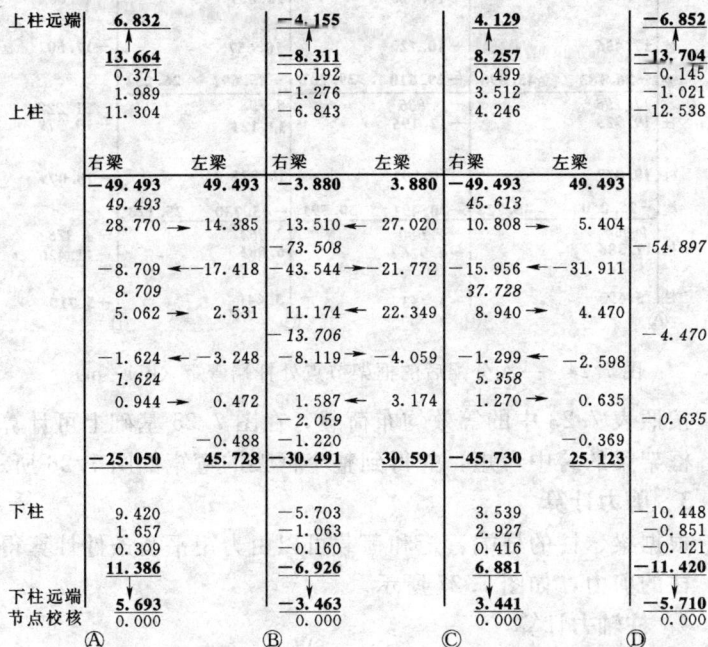

图 7.23　底层节点弯矩分配与传递过程（kN·m）

7.23 中斜体字为每次分配的不平衡弯矩，最终的杆端弯矩为加下划线的数字。

3.2.2 不平衡弯矩的二次分配及总弯矩图

将各开口框架的相同节点处的弯矩进行叠加，得到该榀框架节点处的杆端弯矩，如图 7.24 所示。图 7.24 中节点处存在不平衡弯矩，需要对节点不平衡弯矩进行二次分配，此时不再考虑弯矩传递，得到汇总后的框架节点处杆端弯矩如图 7.25 所示。图 7.24 和图 7.25 中的斜体字为节点的弯矩校核。

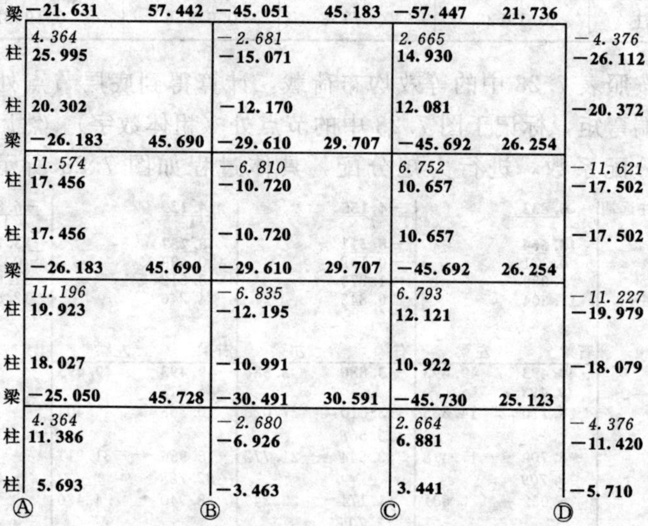

图 7.24 一次分配后的框架节点处杆端弯矩 （kN·m）

按照表 7.23 中的等效均布荷载，在图 7.25 基础上可计算得到各框架梁的跨中弯矩，并得到整个框架的弯矩如图 7.26 所示。

3.2.3 剪力计算

根据梁、柱的杆端弯矩和荷载可以由力矩平衡条件计算得到梁、柱的剪力，如图 7.27 所示。

3.2.4 柱轴力计算

根据节点竖向力平衡条件，可以计算得到框架柱的轴力图，如图 7.28 所示。

梁 −24.764　　58.130　−43.330　43.471 −58.132　24.878
柱 | 0.000 | 0.000 | 0.000 | 0.000 |
| 24.764 | −14.801 | 14.661 | −24.878 |

柱 17.756　　　　−11.546　　　11.462　　　−17.815
梁 −32.665　47.279 −25.637　25.768 −47.268　32.761
柱 | 0.000 | 0.000 | 0.000 | 0.000 |
| 14.909 | −10.096 | 10.038 | −14.946 |

柱 14.992　　　　−10.093　　　10.034　　　−15.032
梁 −32.453　47.285 −25.623　25.745 −47.277　32.541
柱 | 0.000 | 0.000 | 0.000 | 0.000 |
| 17.460 | −11.569 | 11.499 | −17.509 |

柱 17.031　　　　−10.741　　　10.674　　　−17.080
梁 −27.586　46.363 −28.903　29.013 −46.361　27.667
柱 | 0.000 | 0.000 | 0.000 | 0.000 |
| 10.555 | −6.718 | 6.675 | −10.587 |

5.693　　　　−3.463　　　　3.441　　　　−5.710
Ⓐ　　　　　Ⓑ　　　　　Ⓒ　　　　　Ⓓ

图 7.25　框架节点处杆端弯矩汇总图（kN·m）

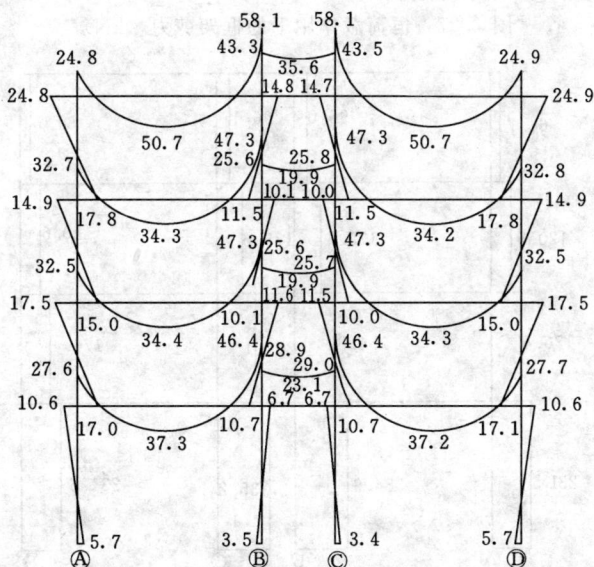

图 7.26　恒荷载作用下的框架弯矩（kN·m）

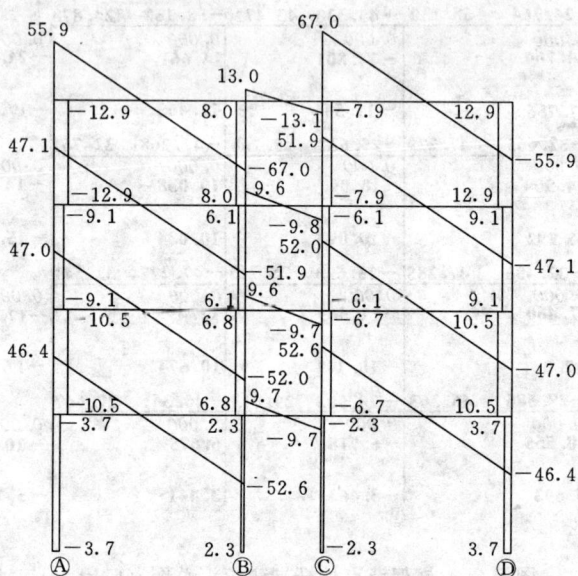

图 7.27 恒荷载作用下的框架剪力 (kN)

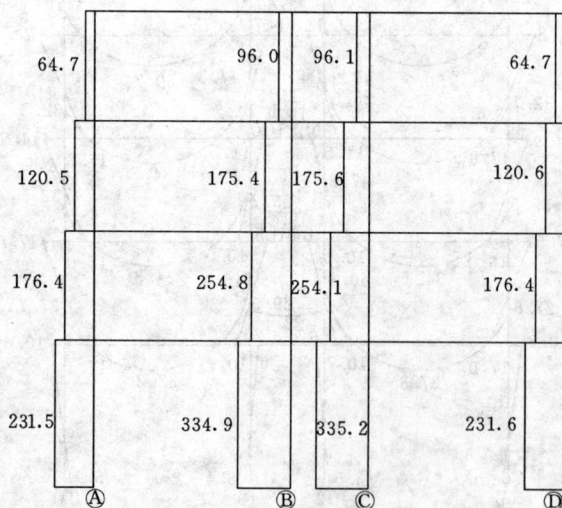

图 7.28 恒荷载作用下框架柱的轴力 (kN)

3.2.5　梁端弯矩调幅

对梁端弯矩进行调幅，取调幅系数为 0.85，计算得到调幅后的弯矩图，如图 7.29 所示。

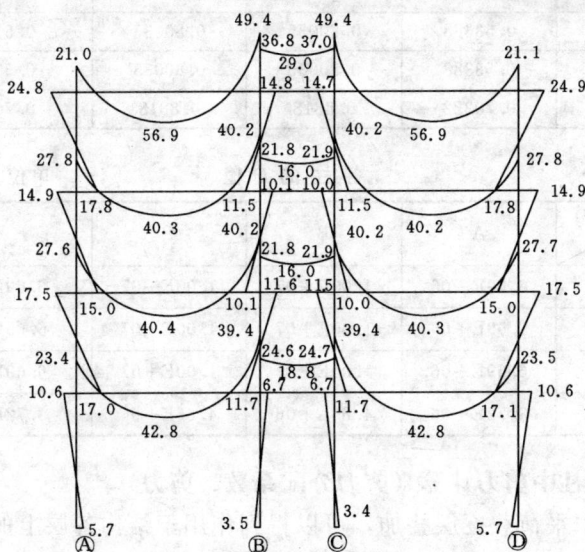

图 7.29　调幅后的弯矩（kN·m）

3.3　水平风荷载作用下的框架内力

3.3.1　D 值计算

根据梁柱的线刚度可以分别计算得到各柱的 K 值、α 值和 D 值，计算结果如表 7.27～表 7.29 所示。

表 7.27　　　　　　　　　　各柱的 K 值

柱号 层数	A	B	C	D
4	2.2907	8.0175	8.0175	2.2907
3	2.2907	8.0175	8.0175	2.2907
2	2.2907	8.0175	8.0175	2.2907
1	3.0543	10.69	10.69	3.0543

表 7.28　　　　　　　　　　各 柱 的 α 值

柱号 层数	A	B	C	D
4	0.53388	0.80035	0.80035	0.53388
3	0.53388	0.80035	0.80035	0.53388
2	0.53388	0.80035	0.80035	0.53388
1	0.70322	0.8818	0.8818	0.70322

表 7.29　　　　　　　　　各 柱 的 D 值　　　　　　　单位：N/m

柱号 层数	A	B	C	D
4	6.69E+06	1.00E+07	1.00E+07	6.69E+06
3	6.69E+06	1.00E+07	1.00E+07	6.69E+06
2	6.69E+06	1.00E+07	1.00E+07	6.69E+06
1	3.72E+06	4.66E+06	4.66E+06	3.72E+06

3.3.2　柱中剪力计算（剪力分配系数、剪力）

将水平荷载逐层叠加，可以得到作用于结构各层上的水平剪力，如表 7.30 所示。

表 7.30　　　　　　　各层水平剪力计算　　　　　　　单位：kN

层　数	各层荷载	各层总剪力	层　数	各层荷载	各层总剪力
4	4.9290	4.9290	2	5.3330	15.5950
3	5.3330	10.2620	1	5.8180	21.4130

将各层的剪力，按照 D 值进行分配，A5～D5 榀框架各柱的剪力分配系数如表 7.31 所示，从而得到各柱分摊的水平剪力，如表 7.32 所示。

表 7.31　　　　　A5～D5 榀框架各柱的剪力分配系数

柱号 层数	A	B	C	D
4	0.20007	0.29993	0.29993	0.20007
3	0.20007	0.29993	0.29993	0.20007

层数 \ 柱号	A	B	C	D
2	0.20007	0.29993	0.29993	0.20007
1	0.22183	0.27817	0.27817	0.22183

表 7.32 各柱分配的水平剪力 单位：kN

层数 \ 柱号	A	B	C	D
4	0.98614	1.4784	1.4784	0.98614
3	2.0531	3.0779	3.0779	2.0531
2	3.1201	4.6774	4.6774	3.1201
1	4.7501	5.9564	5.9564	4.7501

3.3.3 反弯点高度

按均布荷载查表 4.3，可以得到标准反弯点高度比如表 7.33 所示；查表 4.5 和表 4.6 分别得到相应的修正系数 y_1、y_2 和 y_3，如表 7.34~表 7.36 所示；叠加得到修正后的反弯点高度比 y，如表 7.37 所示。

表 7.33 标准反弯点的高度比 y_0

层数 \ 柱号	A	B	C	D
4	0.41454	0.45	0.45	0.41454
3	0.46454	0.5	0.5	0.46454
2	0.5	0.5	0.5	0.5
1	0.55	0.55	0.55	0.55

表 7.34 横梁刚度修正系数 y_1

层数 \ 柱号	A	B	C	D	层数 \ 柱号	A	B	C	D
4	0	0	0	0	2	0	0	0	0
3	0	0	0	0	1	0	0	0	0

表 7.35　　　　　　　　　　　层高变化修正系数 y_2

柱号 层数	A	B	C	D	柱号 层数	A	B	C	D
4	0	0	0	0	2	0	0	0	0
3	0	0	0	0	1	0	0	0	0

表 7.36　　　　　　　　　　　层高变化修正系数 y_3

柱号 层数	A	B	C	D	柱号 层数	A	B	C	D
4	0	0	0	0	2	0	0	0	0
3	0	0	0	0	1	0	0	0	0

表 7.37　　　　　　　　　　　修正后的反弯点高度比 y

柱号 层数	A	B	C	D
4	0.41454	0.45	0.45	0.41454
3	0.46454	0.5	0.5	0.46454
2	0.5	0.5	0.5	0.5
1	0.55	0.55	0.55	0.55

3.3.4　弯矩计算（柱、梁）

根据剪力和反弯点高度可以计算得到柱端弯矩，然后按照梁的线刚度分配给与之相连的梁，即可得到风荷载作用下的结构弯矩，如图 7.30 所示。

3.3.5　剪力计算

根据梁端弯矩可以由力矩平衡条件计算得到梁的剪力，结合前面算出的柱中剪力，从而得到框架的剪力图，如图 7.31 所示。

3.3.6　柱轴力计算

根据节点竖向力平衡条件，可以计算得到框架柱的轴力图，如图 7.32 所示。

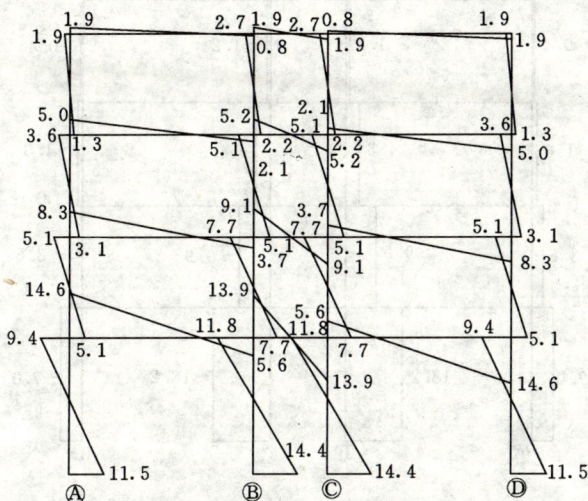

图 7.30　风荷载作用下的框架弯矩（kN·m）

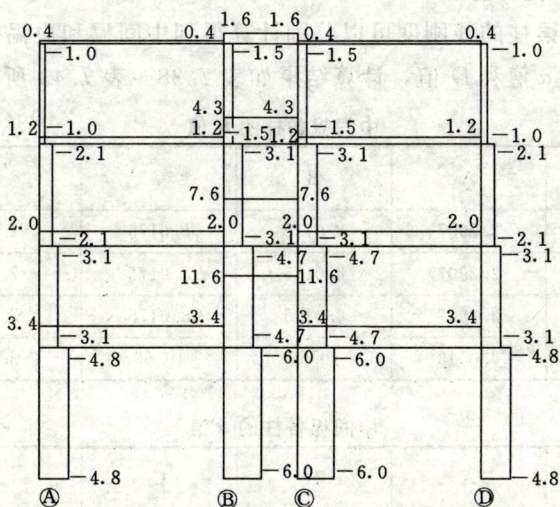

图 7.31　风荷载作用下的框架剪力（kN）

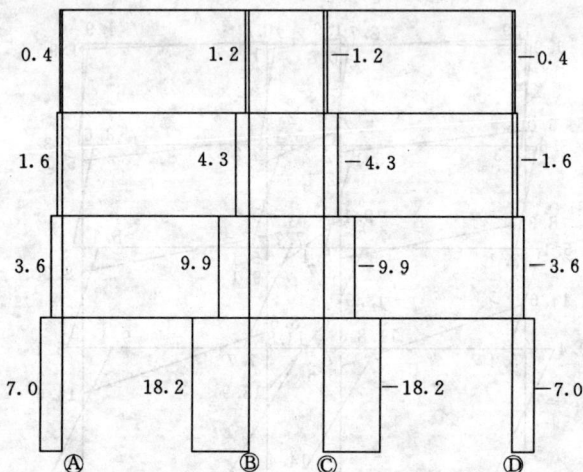

图 7.32　风荷载作用下框架柱的轴力（kN）

3.4　水平地震作用下的框架内力

3.4.1　D 值计算

根据梁柱的线刚度可以分别计算得到中间榀和边榀框架各柱的 K 值、α 值和 D 值，计算结果如表 7.38～表 7.43 所示。

表 7.38　　　　　　　　　　中间榀各柱的 K 值

柱号 层数	A	B	C	D
4	2.2907	8.0175	8.0175	2.2907
3	2.2907	8.0175	8.0175	2.2907
2	2.2907	8.0175	8.0175	2.2907
1	3.0543	10.69	10.69	3.0543

表 7.39　　　　　　　　　　中间榀各柱的 α 值

柱号 层数	A	B	C	D
4	0.53388	0.80035	0.80035	0.53388
3	0.53388	0.80035	0.80035	0.53388

续表

层数＼柱号	A	B	C	D
2	0.53388	0.80035	0.80035	0.53388
1	0.70322	0.8818	0.8818	0.70322

表 7.40　　　　　　中间榀各柱的 D 值　　　　　单位：N/m

层数＼柱号	A	B	C	D
4	6.69E＋06	1.00E＋07	1.00E＋07	6.69E＋06
3	6.69E＋06	1.00E＋07	1.00E＋07	6.69E＋06
2	6.69E＋06	1.00E＋07	1.00E＋07	6.69E＋06
1	3.72E＋06	4.66E＋06	4.66E＋06	3.72E＋06

表 7.41　　　　　　边榀各柱的 K 值

层数＼柱号	A	B	C	D
4	1.718	6.0131	6.0131	1.718
3	1.718	6.0131	6.0131	1.718
2	1.718	6.0131	6.0131	1.718
1	2.2907	8.0175	8.0175	2.2907

表 7.42　　　　　　边榀各柱的 α 值

层数＼柱号	A	B	C	D
4	0.46208	0.75041	0.75041	0.46208
3	0.46208	0.75041	0.75041	0.46208
2	0.46208	0.75041	0.75041	0.46208
1	0.65041	0.85026	0.85026	0.65041

表 7. 43 边榀各柱的 *D* 值 单位：N/m

层数＼柱号	A	B	C	D
4	5.79E+06	9.40E+06	9.40E+06	5.79E+06
3	5.79E+06	9.40E+06	9.40E+06	5.79E+06
2	5.79E+06	9.40E+06	9.40E+06	5.79E+06
1	3.44E+06	4.49E+06	4.49E+06	3.44E+06

3.4.2 柱中剪力计算（剪力分配系数、剪力）

将水平荷载逐层叠加，可以得到作用于结构各层上的水平剪力，如表 7.44 所示。

表 7. 44 各层水平剪力计算表 单位：kN

层　数	各层荷载	各层总剪力	层　数	各层荷载	各层总剪力
4	242.96	242.96	2	121.1	537.07
3	173.01	415.97	1	73.279	610.35

将各层的剪力，按照 *D* 值进行分配，A5～D5 榀框架各柱的剪力分配系数为如表 7.45 所示，从而得到各柱分配得到的水平剪力，如表 7.46 所示。

表 7. 45 A5～D5 榀框架各柱的剪力分配系数

层数＼柱号	A	B	C	D
4	0.02269	0.034015	0.034015	0.02269
3	0.02269	0.034015	0.034015	0.02269
2	0.02269	0.034015	0.034015	0.02269
1	0.024943	0.031277	0.031277	0.024943

表 7. 46 各柱分配得到的水平剪力 单位：kN

层数＼柱号	A	B	C	D
4	5.5128	8.2644	8.2644	5.5128
3	9.4383	14.149	14.149	9.4383
2	12.186	18.269	18.269	12.186
1	15.224	19.09	19.09	15.224

3.4.3　反弯点高度

按倒三角形荷载查表 4.4，可以得到标准反弯点高度比 y_0 如表 7.47 所示；查表 4.5 和表 4.6 分别得到相应的修正系数 y_1、y_2 和 y_3，如表 7.48～表 7.50 所示；叠加得到修正后的反弯点高度比 y，如表 7.51 所示。

表 7.47　　　　　　　　标准反弯点的高度比 y_0

层数＼柱号	A	B	C	D
4	0.45	0.45	0.45	0.45
3	0.46454	0.5	0.5	0.46454
2	0.5	0.5	0.5	0.5
1	0.55	0.55	0.55	0.55

表 7.48　　　　　　　　横梁刚度修正系数 y_1

层数＼柱号	A	B	C	D	层数＼柱号	A	B	C	D
4	0	0	0	0	2	0	0	0	0
3	0	0	0	0	1	0	0	0	0

表 7.49　　　　　　　　层高变化修正系数 y_2

层数＼柱号	A	B	C	D	层数＼柱号	A	B	C	D
4	0	0	0	0	2	0	0	0	0
3	0	0	0	0	1	0	0	0	0

表 7.50　　　　　　　　层高变化修正系数 y_3

层数＼柱号	A	B	C	D	层数＼柱号	A	B	C	D
4	0	0	0	0	2	0	0	0	0
3	0	0	0	0	1	0	0	0	0

表 7.51   修正后的反弯点高度比 *y*

层数＼柱号	A	B	C	D
4	0.45	0.45	0.45	0.45
3	0.46454	0.5	0.5	0.46454
2	0.5	0.5	0.5	0.5
1	0.55	0.55	0.55	0.55

3.4.4 弯矩计算（柱、梁）

根据剪力和反弯点高度可以计算得到柱端弯矩，然后按照梁的线刚度分配给与之相连的梁，即可得到地震作用下的结构弯矩，如图 7.33 所示。

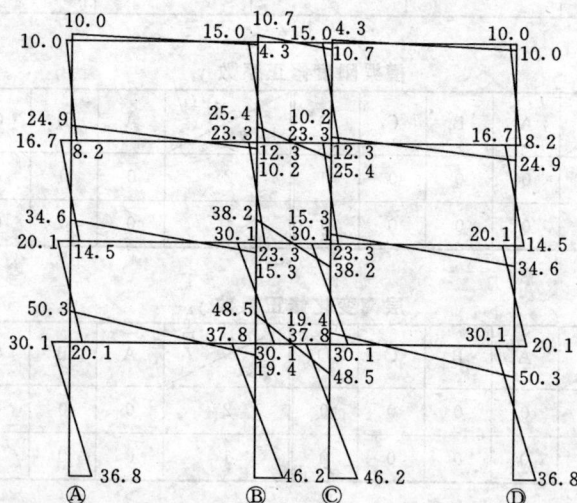

图 7.33 地震作用下的框架弯矩（kN·m）

3.4.5 剪力计算

根据梁端弯矩可以由力矩平衡条件计算得到梁的剪力，结合前面算出的柱中剪力，从而得到框架的剪力图，如图 7.34 所示。

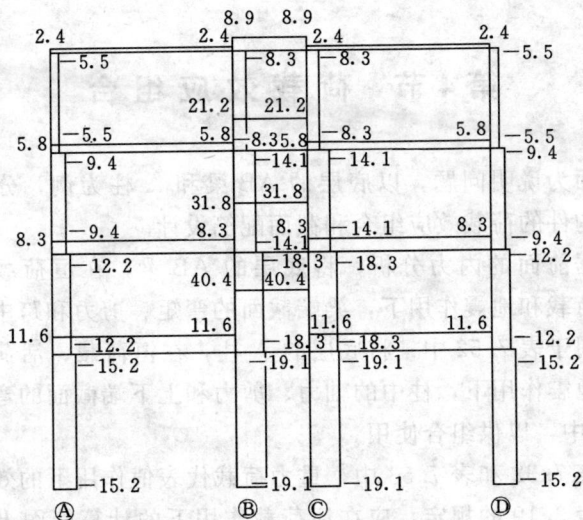

图 7.34　地震作用下的框架剪力（kN）

3.4.6　柱轴力计算

根据节点竖向力平衡条件，可以计算得到框架柱的轴力图，如图 7.35 所示。

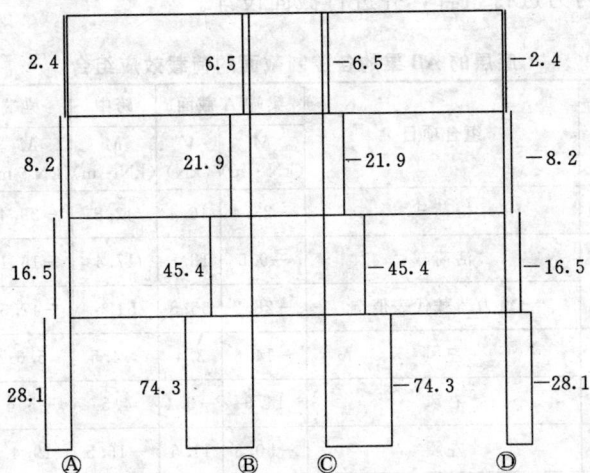

图 7.35　地震作用下框架柱的轴力（kN）

第 4 节　荷 载 效 应 组 合

下面为说明问题，以底层的 AB 梁和 A 柱为例，分别进行梁、柱构件的荷载效应组合和截面配筋设计。

根据前面的内力分析，将底层的 AB 梁，在恒荷载、活荷载、风荷载和地震作用下，梁端截面的弯矩、剪力和跨中截面的弯矩，列于表 7.52 中；将底层的 A 柱，在恒荷载、活荷载、风荷载和地震作用下，柱中的轴力、剪力和上下端截面的弯矩列于表 7.53 中，以供组合使用。

在表 7.52 和表 7.53 中，重力荷载代表值作用下的效应，按照本书表 3.19 的规定，应在活荷载作用下的计算简图上，将屋面活荷载由雪荷载代替进行计算得到，此处为简化计算，将重力荷载代表值作用下的效应近似取作：恒荷载效应＋0.5 活荷载效应。此外，由于柱截面尺寸（0.35m）与柱距（6m）相比，可以忽略不计，所以内力不再折算至柱边，以轴线处的内力近似代替柱边内力进行组合，并进行截面设计。

表 7.52　　　底层的 AB 梁的各控制截面的荷载效应组合

组合编号		组合项目	梁端 A 截面		跨中	梁端 B 截面	
			M (kN·m)	V (kN)	M (kN·m)	M (kN·m)	V (kN)
单项效应	1	恒荷载	−23.4	46.4	42.8	−39.4	−52.6
	2	活荷载	−9.5	18.8	17.4	−16.1	−21.4
	3	重力荷载代表值	−28.2	55.8	51.5	−47.5	−63.3
	4	左风	−14.6	3.4	−4.5	5.6	3.4
	5	右风	14.6	−3.4	4.5	−5.6	−3.4
	6	左震	−50.3	11.6	−15.5	19.4	11.6
	7	右震	50.3	−11.6	15.5	−19.4	−11.6

组合编号		组合项目	梁端 A 截面		跨中	梁端 B 截面	
			M (kN·m)	V (kN)	M (kN·m)	M (kN·m)	V (kN)
组 合 效 应	(1)	1.2 恒荷载＋1.4 活荷载	−41.4	82.0	75.7	−69.8	−93.1
	(2)	1.0 恒荷载＋1.4 活荷载	−36.7	72.7	67.2	−61.9	−82.6
	(3)	1.2 恒荷载＋1.4（活荷载＋0.6 左风）	−53.6	84.9	71.9	−65.1	−90.2
	(4)	1.0 恒荷载＋1.4（活荷载＋0.6 左风）	−49.0	75.6	63.4	−57.2	−79.7
	(5)	1.2 恒荷载＋1.4（活荷载＋0.6 右风）	−29.1	79.1	79.5	−74.5	−95.9
	(6)	1.0 恒荷载＋1.4（活荷载＋0.6 右风）	−24.4	69.9	70.9	−66.6	−85.4
	(7)	1.2 恒荷载＋1.4（0.7 活荷载＋左风）	−57.8	78.9	62.1	−55.2	−79.3
	(8)	1.0 恒荷载＋1.4（0.7 活荷载＋左风）	−53.2	69.6	53.6	−47.3	−68.8
	(9)	1.2 恒荷载＋1.4（0.7 活荷载＋右风）	−17.0	69.3	74.7	−70.9	−88.9
	(10)	1.0 恒荷载＋1.4（0.7 活荷载＋右风）	−12.3	60.1	66.2	−63.0	−78.3
	(11)	1.35 恒荷载＋1.4（0.7 活荷载＋0.6 左风）	−53.2	83.9	71.1	−64.3	−89.1
	(12)	1.0 恒荷载＋1.4（0.7 活荷载＋0.6 左风）	−45.0	67.7	56.1	−50.5	−70.7
	(13)	1.35 恒荷载＋1.4（0.7 活荷载＋0.6 右风）	−28.6	78.2	78.6	−73.7	−94.8
	(14)	1.0 恒荷载＋1.4（0.7 活荷载＋0.6 右风）	−20.4	62.0	63.6	−59.9	−76.4
	(15)	1.2 重力荷载代表值＋1.3 右震	−23.4	46.4	42.8	−39.4	−52.6
	(16)	1.0 重力荷载代表值＋1.3 右震	−9.5	18.8	17.4	−16.1	−21.4
	(17)	1.2 重力荷载代表值＋1.3 左震	−28.2	55.8	51.5	−47.5	−63.3
	(18)	1.0 重力荷载代表值＋1.3 左震	−14.6	3.4	−4.5	5.6	3.4

4.1 框架梁荷载效应组合

楼面梁 AB 的从属面积为 $4.2 \times 6 = 25.2$ m²> 25 m²，设计楼面梁时需按照表 3.2 的要求，考虑活荷载折减。考虑到 25.2 m² 与 25m² 较接近，并且楼面梁的实际承受荷载的面积为梯形，而不是矩形，因而，此处不考虑活荷载的折减，这样处理更合理，且与规范规定相比相对偏安全。

4.2 框架柱荷载效应组合

设计柱时，对于办公楼建筑，需按照表 3.3 的要求，考虑活荷载折减。计算截面以上为 4 层，所以取折减系数为 0.70。

因此，表 7.53 中的组合效应（1）～（18）中的"活荷载"，均为乘以折减系数后的"0.7 活荷载"（即表 7.53 中单项组合第 3 项）。

表 7.53　底层 A 柱的各控制截面的荷载效应组合

组合编号		组合项目	N (kN)	V (kN)	$M_上$ (kN·m)	$M_下$ (kN·m)
单项效应	1	恒荷载	231.5	−3.7	10.6	5.7
	2	活荷载	110.5	−1.5	4.3	2.3
	3	折减后的活荷载	77.4	−1.1	3.0	1.6
	4	重力荷载代表值	286.8	−4.5	12.8	6.9
	5	左风	7.0	−4.8	9.4	11.5
	6	右风	−7.0	4.8	−9.4	−11.5
	7	左震	28.1	−15.2	30.1	36.8
	8	右震	−28.1	15.2	−30.1	−36.8
组合效应	(1)	1.2 恒荷载+1.4 活荷载	386.1	−5.9	16.9	9.1
	(2)	1.0 恒荷载+1.4 活荷载	339.8	−5.2	14.8	8.0
	(3)	1.2 恒荷载+1.4（活荷载+0.6 左风）	392.0	−9.9	24.8	18.8
	(4)	1.0 恒荷载+1.4（活荷载+0.6 左风）	345.7	−9.2	22.7	17.6
	(5)	1.2 恒荷载+1.4（活荷载+0.6 右风）	380.2	−1.9	9.0	−0.6

组合编号		组合项目	N (kN)	V (kN)	$M_上$ (kN·m)	$M_下$ (kN·m)
组合效应	(6)	1.0 恒荷载＋1.4（活荷载＋0.6 右风）	333.9	−1.1	6.9	−1.7
	(7)	1.2 恒荷载＋1.4（0.7 活荷载＋左风）	363.4	−12.2	28.8	24.5
	(8)	1.0 恒荷载＋1.4（0.7 活荷载＋左风）	317.1	−11.4	26.7	23.4
	(9)	1.2 恒荷载＋1.4（0.7 活荷载＋右风）	343.8	1.3	2.5	−7.7
	(10)	1.0 恒荷载＋1.4（0.7 活荷载＋右风）	297.5	2.0	0.4	−8.8
	(11)	1.35 恒荷载＋1.4（0.7 活荷载＋0.6 左风）	394.2	−10.1	25.2	18.9
	(12)	1.0 恒荷载＋1.4（0.7 活荷载＋0.6 左风）	313.2	−8.8	21.4	16.9
	(13)	1.35 恒荷载＋1.4（0.7 活荷载＋0.6 右风）	382.4	−2.0	9.4	−0.4
	(14)	1.0 恒荷载＋1.4（0.7 活荷载＋0.6 右风）	301.4	−0.7	5.7	−2.4
	(15)	1.2 重力荷载代表值＋1.3 右震	380.6	−25.1	54.4	56.1
	(16)	1.0 重力荷载代表值＋1.3 右震	323.3	−24.2	51.9	54.7
	(17)	1.2 重力荷载代表值＋1.3 左震	307.6	14.4	−23.8	−39.6
	(18)	1.0 重力荷载代表值＋1.3 左震	250.2	15.3	−26.4	−41.0

第 5 节　结构主要控制指标验算

5.1　轴压比

对于底层 A 柱，轴力设计值取 394.2kN，其轴压比为

$$\mu = \frac{N}{f_cA} = \frac{394.2 \times 1000}{14.3 \times 350 \times 350} = 0.225 < [\mu] = 0.9$$

满足要求。

其他各柱的轴压比验算略。

5.2 剪重比

《抗震规范》（GB 50011—2001）表 5.2.5 规定了结构楼层最小地震剪力系数值（即剪重比限值），对于抗震设防烈度为 7 度 0.1g 的地区，其值取 0.016。

根据结构的地震剪力和重力荷载代表值，按照下式计算可得到各楼层的剪重比，如表 7.54 所示。

$$\lambda = \frac{\sum\limits_{i=j}^{n} G_i}{V_j}$$

表 7.54 各楼层的剪重比计算

层 数	G_i (kN)	$\sum G_i$ (kN)	层剪力 V_j (kN)	剪重比
4	3279.464	3279.464	242.962	0.074
3	4377.286	7656.750	415.967	0.095
2	4377.286	12034.036	537.070	0.123
1	4635.156	16669.192	610.349	0.132

从表 7.54 中可以看出，剪重比皆大于 0.016，满足要求。

5.3 弹性层间位移角

楼层总的 D 值可以根据表 7.40 和表 7.43 计算得到，进一步可以计算得到结构在地震作用下的层间位移角，具体过程和结果如表 7.55 所示。

表 7.55 楼层的层间位移计算

层数	楼层剪力 (kN)	楼层 D 值 (N/m)	层间位移 (m)	层高 (m)	层间位移角
4	242.96	2.95E+08	8.24E−07	3.3	2.50E−07
3	415.97	2.95E+08	1.41E−06	3.3	4.28E−07
2	537.07	2.95E+08	1.82E−06	3.3	5.52E−07
1	610.35	1.49E+08	4.10E−06	4.4	9.31E−07

从表 7.55 中可以看出，结构的层间位移角均小于弹性层间位移角限值 $[\theta_e]=1/550$，所以满足要求。

第 6 节　截 面 配 筋 设 计

6.1　框架梁配筋设计

6.1.1　梁端截面配筋计算

以梁端 A 截面为例，梁端截面为矩形，截面宽度 $b=250$mm，截面高度 $h=500$mm，如图 7.36 所示。

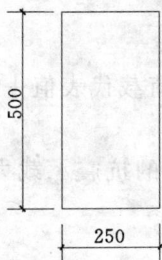

混凝土采用 C30，$f_c=14.30$N/mm²；纵向受力钢筋取用 HRB335，$f_y=300$N/mm²；箍筋取用 HPB235，$f_{yv}=210$N/mm²。混凝土保护层厚度取 25mm，所以取 $a_s=35$mm。

1. 正截面受弯承载力计算

（1）非抗震设计。从表 7.52 中，得到最不利设计弯矩为

$$M=-57.8\text{kN}\cdot\text{m}$$

图 7.36　梁端配筋
截面尺寸（mm）

对应于荷载效应组合第（7）组，即 1.2 恒荷载 +1.4（0.7 活荷载 + 右风）。

按《混凝土结构设计规范》（GB 50011—2002）式（7.1.4 —1），或者查本书表 6.6 得到相对界限受压区高度 ξ_b，即

$$\xi_b=0.55$$

截面有效高度为

$$h_0=h-a_s=500-35=465\text{mm}$$

截面抵抗矩系数 α_s 为

$$\alpha_s=M/(\alpha_1 f_c b h_0^{\,2})=0.0748$$

相对受压区高度 ξ 为

$$\xi=1-\sqrt{1-2\alpha_s}=0.0777996$$

由于 $\xi<\xi_b$，满足要求。

求受拉钢筋面积 A_s，得

$$A_s = \xi \alpha_1 f_c b h_0 / f_y = 431 \text{mm}^2$$

进行配筋率验算，得

$$0.45 f_t / f_y = 0.002145$$

$$\rho_{smin} = \max\{0.002, 0.45 f_t / f_y\} = 0.2145\%$$

$$A_{smin} = \rho_{smin} bh = 268.125 \text{mm}^2$$

配筋满足最小配筋率要求。

选配 4Φ12（452mm²，$\rho = 0.36\%$），配筋满足。

（2）抗震设计。从表 7.52 中，得到地震作用参与组合的最不利设计弯矩为

$$M = -99.2 \text{kN} \cdot \text{m}$$

对应于荷载效应组合第（15）组，即 1.2 重力荷载代表值＋1.3 右震。

根据表 6.24，受弯构件正截面承载力计算的抗震承载力调整系数为

$$\gamma_{RE} = 0.75$$

按《混凝土结构设计规范》（GB 50011—2002）式（7.1.4−1），或者查本书表 6.6 得到相对界限受压区高度 ξ_b，即

$$\xi_b = 0.55$$

截面有效高度为

$$h_0 = h - a_s = 500 - 35 = 465 \text{mm}$$

求截面抵抗矩系数 α_s，得

$$\alpha_s = \gamma_{RE} M / (\alpha_1 f_c b h_0^2) = 0.0962$$

相对受压区高度 ξ 为

$$\xi = 1 - \sqrt{1 - 2\alpha_s} = 0.1013876$$

由于 $\xi < \xi_b$，且小于 0.35（三级抗震要求），满足要求。

受拉钢筋面积 A_s 为

$$A_s = \xi \alpha_1 f_c b h_0 / f_y = 562 \text{mm}^2$$

进行配筋率验算，得

$$0.55 f_t / f_y = 0.0026217$$

$$\rho_{smin} = \max\{0.0025, 0.55 f_t / f_y\} = 0.2622\%$$

$$A_{smin} = \rho_{smin} bh = 327.70833 \text{mm}^2$$

配筋满足最小配筋率要求。

选配 5Φ12 （566mm^2，$\rho = 0.45\%$），配筋满足。

2. 斜截面受剪承载力计算

（1）非抗震设计。从表 7.52 中，得到最不利设计剪力为

$$V = 84.9 \text{kN}$$

对应于荷载效应组合第（3）组，即 1.2 恒荷载＋1.4（活荷载＋0.6 左风）。

1）截面验算：

$$h_0/b = 1.86 \leqslant 4$$

查表 6.8，得到受剪截面系数为

$$\chi = 0.25$$

查表 6.7，得到混凝土强度影响系数为

$$\beta_c = 1.0$$

于是，有

$$V_{max} = \chi \beta_c f_c bh_0 = 415.59 \text{kN} > V = 84.9 \text{kN}$$

所以截面满足要求。

2）配筋计算：

$$V < 0.7 f_t bh_0 + 1.25 f_{yv} (A_{sv}/s) h_0$$

$$A_{sv}/s = (V - 0.7 f_t bh_0)/(1.25 f_{yv} h_0) = -0.258 \text{mm}^2/\text{m}$$

所以，应按照构造配置箍筋。

（2）抗震设计。为了体现延性框架的设计原则，保证框架梁塑性铰区的"强剪弱弯"，考虑地震作用组合的框架梁端剪力设计值 V_b 应根据抗震等级进行相应的调整，对于三级抗震框架应按下式进行计算：

$$V_b = 1.1 \frac{(M_b^l + M_b^r)}{l_n} + V_{Gb}$$

式中：M_b^l、M_b^r 分别为考虑地震作用组合的框架梁左、右端弯矩设计值；V_{Gb} 为地震作用组合时的重力荷载代表值产生的剪力设计值。

考虑"强剪弱弯"的剪力设计值的具体计算过程如表 7.56

所示。

表 7.56 　　　　　考虑"强剪弱弯"的剪力设计值计算

组合项目	梁端 A 截面		跨中	梁端 B 截面	
	M (kN·m)	V (kN)	M (kN·m)	M (kN·m)	V (kN)
1.2 重力荷载代表值+1.3 右震	−99.2	82.0	41.7	−31.7	−60.9
1.0 重力荷载代表值+1.3 右震	−93.5	70.9	31.4	−22.2	−48.2
1.2 重力荷载代表值+1.3 左震	31.6	51.9	81.9	−82.2	−91.0
1.0 重力荷载代表值+1.3 左震	37.2	40.7	71.6	−72.7	−78.4
组合项目	$1.1(M_B - M_A)/l_n$	V_{GbA}	V_{GbB}	V_{bA}	V_{bB}
1.2 重力荷载代表值+1.3 右震	13.1	55.8	−63.3	68.9	−50.2
1.0 重力荷载代表值+1.3 右震	13.9	55.8	−63.3	69.7	−49.4
1.2 重力荷载代表值+1.3 左震	−22.1	55.8	−63.3	33.7	−85.4
1.0 重力荷载代表值+1.3 左震	−21.4	55.8	−63.3	34.4	−84.7

从表 7.56 中，得到抗震设计时最不利设计剪力为

$$V = 85.4\text{kN}$$

斜截面承载力计算的抗震调整系数为

$$\gamma_{RE} = 0.85$$

1）截面验算：

$$l_0/h = 12 > 2.5$$

查表 6.8，得到受剪截面系数为

$$\chi = 0.2$$

查表 6.7，得到混凝土强度影响系数为

$$\beta_c = 1.0$$

于是，有

$$V_{max} = \chi\beta_c f_c bh_0/\gamma_{RE} = 391.15\text{kN} > V = 85.4\text{kN}$$

所以截面满足要求。

2）配筋计算：

$$V < [0.42 f_t bh_0 + 1.25 f_{yv}(A_{sv}/s)h_0]/\gamma_{RE}$$

$$A_{sv}/s = (\gamma_{RE}V - 0.42 f_t bh_0)/(1.25 f_{yv}h_0) = 0.023\text{mm}^2/\text{m}$$

再检查是否满足最小配箍率要求。

抗剪箍筋按构造配筋，三级抗震时，沿梁全长箍筋的最小配筋率为

$$\rho_{sv\min} = 0.26 \, f_t / f_{yv} = 0.0017705$$

于是，有

$$A_{sv} / s = \rho_{sv\min} b = 442.61905 \text{mm}^2 / \text{m}$$

所以，应按照构造配置箍筋。

梁端加密区长度取

$$\max\{1.5h, 500\} = 1.5 \times 500 = 750 \text{mm}$$

箍筋加密区的箍筋最大间距为

$$\min\{8d, h/4, 150\} = \min\{8 \times 12, 500/4, 150\} = 96 \text{mm}$$

选配 φ8@100/200，双肢箍（$A_{sv}/s = 1005/502.7 \text{mm}^2/\text{m}$），基本满足要求。

3. 实配钢筋

（1）上部纵筋：计算得

$$A_s = 562 \text{mm}^2$$

实配 5 Φ 12（566mm²，$\rho = 0.45\%$），大于最小配筋率 0.26%，且小于 2.5%，配筋满足。

（2）腰筋：计算构造得

$$A_s = b \times h_w \times 0.2\% = 233 \text{mm}^2$$

实配 2Φ12（226mm²，$\rho = 0.18\%$），配筋基本满足。

（3）下部纵筋：实配 2Φ12（226mm²，$\rho = 0.18\%$），配筋满足。

（4）箍筋：计算得

$$A_{sv}/s = 442.62 \text{mm}^2/\text{m}$$

实配 φ8@100/200，双肢箍（$A_{sv}/s = 1005/502.7 \text{mm}^2/\text{m}$），配筋满足。

（5）底部和顶部纵向受力钢筋截面面积的比值为

$$226/566 = 0.4 > 0.3 \text{（三级抗震要求）}$$

配筋满足。

4. 裂缝宽度计算

裂缝宽度计算应取标准组合，组合过程如表 7.57 所示。

表 7.57 梁内力的标准组合

组合项目	梁端 A 截面		跨中	梁端 B 截面	
	M_k (kN·m)	V_k (kN)	M_k (kN·m)	M_k (kN·m)	V_k (kN)
恒荷载＋（活荷载＋0.6 右风）	−41.7	67.2	57.5	−52.1	−72.0
恒荷载＋（活荷载＋0.6 左风）	−24.14	63.16	62.9	−58.86	−76.04
恒荷载＋（0.7 活荷载＋右风）	−44.65	62.96	50.48	−45.07	−64.18
恒荷载＋（0.7 活荷载＋左风）	−15.5	56.2	59.5	−56.3	−71.0

所以选取设计弯矩为

$$M_k = 44.65 \text{kN}$$

（1）受拉钢筋应力计算，按表 6.13 相应计算公式，得

$$\sigma_{sk} = M_k/(0.87h_0 A_s) = 195.00 \text{N/mm}^2$$

其中实配钢筋面积 $A_s = 566 \text{mm}^2$。

（2）按有效受拉混凝土截面面积计算的纵向受拉钢筋配筋率，按式（6.8d）计算：

$$A_{te} = 0.5bh + (b_f - b)h_f = 62500$$

$$\rho_{te} = A_s/A_{te} = 0.009056 < 0.01$$

取 $\rho_{te} = 0.01$。

（3）裂缝间纵向受拉钢筋应变不均匀系数，按式（6.8b）计算：

$$\psi = 1.1 - \frac{0.65f_{tk}}{\rho_{te}\sigma_{sk}} = 0.43$$

（4）最大裂缝宽度计算，按式（6.8a）计算：

$$\omega_{\max} = \alpha_{cr}\psi\frac{\sigma_{sk}}{E_s}\left(1.9c + 0.08\frac{d_{eq}}{\rho_{te}}\right)$$

其中受弯构件 $\alpha_{cr} = 2.1$，$c = 25 \text{mm}$，$d_{eq} = 12 \text{mm}$。

所以，$\omega_{\max} = 0.13 \text{mm} < \omega_{\lim} = 0.300 \text{mm}$，满足要求。

6.1.2 跨中截面配筋计算

跨中截面应考虑楼板作用，按 T 形截面设计，翼缘厚度 h_f'

为板厚 100mm，翼缘宽度为

$$\min\{l_0/3, b+12h'_f\} = 1450\text{mm}$$

截面尺寸如图 7.37 所示。

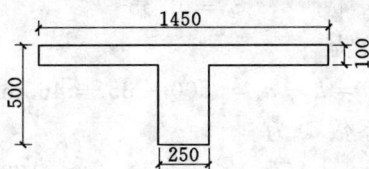

图 7.37 跨中配筋截面尺寸 (mm)

1. 正截面受弯承载力计算

从表 7.52 中，得到最不利设计弯矩如下：

非抗震设计时：

$$M = 79.5 \text{ kN} \cdot \text{m}$$

对应于荷载效应组合第（5）组，即 1.2 恒荷载+1.4（活荷载+0.6 左风）

抗震设计时：

$$M = 81.9\text{kN} \cdot \text{m}$$

对应于荷载效应组合第（17）组，即 1.2 重力荷载代表值+1.3 左震。

根据表 6.26，受弯构件正截面承载力计算的抗震承载力调整系数为

$$\gamma_{RE} = 0.75$$

抗震设计时：

$$\gamma_{RE}M = 61.4\text{kN} \cdot \text{m}$$

因而取设计弯矩为 79.5 kN·m 进行配筋设计。

（1）计算截面有效高度：

$$h_0 = h - a_s = 500 - 35 = 465\text{mm}$$

（2）判断截面类型：

$$\alpha_1 f_c b'_f h'_f (h_0 - h'_f/2)$$

$$= 1.0 \times 14.3 \times 1450 \times 100 \times (465 - 100/2)$$

$$= 860.502\text{kN} \cdot \text{m} \geqslant M = 79.5 \times 10^6 = 79.5\text{kN} \cdot \text{m}$$

属于第一类 T 形截面，可按 $b'_f h$ 的单筋矩形截面进行计算。

（3）按《混凝土结构设计规范》(GB 50011—2002) 式 (7.1.4—1)，或者查本书表 6.6 得到相对界限受压区高度 ξ_b：

$$\xi_b = 0.55$$

截面有效高度为

$$h_0 = h - a_s = 500 - 35 = 465\text{mm}$$

截面抵抗矩系数 α_s 为

$$\alpha_s = M/(\alpha_1 f_c b'_f h_0{}^2) = 0.0177$$

相对受压区高度 ξ 为

$$\xi = 1 - \sqrt{1 - 2\alpha_s} = 0.017892$$

由于 $\xi < \xi_b$，满足要求。

受拉钢筋面积 A_s 为

$$A_s = \xi \alpha_1 f_c b'_f h_0 / f_y = 575\text{mm}^2$$

配筋率验算：

$$0.45 f_t / f_y = 0.002145$$

$$\rho_{smin} = \max\{0.002, 0.45 f_t / f_y\} = 0.2145\%$$

$$A_{smin} = \rho_{smin} bh = 268.125\text{mm}^2$$

满足最小配筋率要求。

实配 5Φ12（566mm²，ρ=0.45%），配筋满足。

2. 实配钢筋

（1）上部纵筋：实配 2Φ12（226mm²，ρ=0.18%），大于最小配筋率 0.26%，配筋满足。

（2）腰筋：计算构造得

$$A_s = b \times h_w \times 0.2\% = 233\text{mm}^2$$

实配 2Φ12（226mm²，ρ=0.18%），配筋满足。

（3）下部纵筋：计算得

$$A_s = 575\text{mm}^2$$

实配 5Φ12（566mm²，ρ=0.45%），大于最小配筋率 0.26%，且小于 2.5%，配筋基本满足。

（4）箍筋：ϕ8@200，双肢箍（A_{sv}/s=502.7mm²/m）。

3. 裂缝宽度计算

裂缝宽度计算应取标准组合，组合过程如表 7.57 所示。所以选取设计弯矩为

$$M_k = 62.9\text{kN}$$

(1) 受拉钢筋应力计算，按表 6.13 相应计算公式计算：

$$\sigma_{sk} = M_k/(0.87h_0 A_s) = 274.70\text{N/mm}^2$$

其中实配钢筋面积 $A_s = 566\text{mm}^2$。

(2) 按有效受拉混凝土截面面积计算的纵向受拉钢筋配筋率，按式（6.8d）计算：

$$A_{te} = 0.5bh + (b_f - b)h_f = 62500$$

$$\rho_{te} = A_s/A_{te} = 0.009056 < 0.01$$

取 $\rho_{te} = 0.01$。

(3) 裂缝间纵向受拉钢筋应变不均匀系数，按式（6.8b）计算：

$$\psi = 1.1 - \frac{0.65 f_{tk}}{\rho_{te}\sigma_{sk}} = 0.62$$

(4) 最大裂缝宽度计算，按式（6.8a）计算：

$$\omega_{\max} = \alpha_{cr}\psi\frac{\sigma_{sk}}{E_s}\left(1.9c + 0.08\frac{d_{eq}}{\rho_{te}}\right)$$

其中，受弯构件 $\alpha_{cr} = 2.1$，$c = 25\text{mm}$，$d_{eq} = 12\text{mm}$。

所以，$\omega_{\max} = 0.26\text{mm} < \omega_{\lim} = 0.300\text{mm}$，满足要求。

6.2　框架柱配筋设计

混凝土采用 C30，$f_c = 14.30\text{N/mm}^2$，纵向受力钢筋取用 HRB335，$f_y = 300\text{N/mm}^2$，箍筋取用 HPB235，$f_{yv} = 210\text{N/mm}^2$。混凝土保护层厚度取 25mm，所以取 $a_s = 35\text{mm}$。

6.2.1　非抗震设计

根据表 7.53 选取最不利内力如下：

(1) $N_{\max} = 394.2\text{kN}$；$M = 25.2\text{kN·m}$；$V = -10.1\text{kN}$。

(2) $N_{\min} = 297.5\text{kN}$；$M = -8.8\text{kN·m}$；$V = 2.0\text{ kN}$。

(3) $N = 363.4\text{kN}$；$M_{\max} = 28.8\text{kN·m}$；$V = -12.2\text{kN}$。

首先按照第（1）组内力进行截面配筋。

1. 正截面受压承载力计算

（1）正截面抗压，可得

$$e_i = M/N + e_a = 0.0839269\text{m}$$

$$l_0 = 1.0H = 4.4\text{m}$$

$$\zeta_1 = 0.5f_cA/N = 2.2219051 > 1$$

所以 ζ_1 取 1.0。

$$\zeta_2 = 1.15 - 0.01\,l_0/h = 1.0242857 > 1$$

所以 ζ_2 取 1.0。

于是，有

$$\eta = 1 + (l_0/h)^2\zeta_1\zeta_2/(1400e_i/h_0) = 1.4102416$$

$$e = \eta e_i + h/2 - a_s = 248.35726\text{mm}$$

$$\eta e_i/h_0 = 0.3880566 > 0.3$$

所以先按照大偏心计算。

（2）大偏心计算过程：

$$x = N/(f_cb) = 78.761239\text{mm}$$

$$\xi = x/h_0 = 0.2582336 < \xi_b$$

所以满足大偏心。

$$A_s = A_s{}'$$
$$= [Ne - f_cbx(h_0 - x/2)]/[f_y'(h_0 - a_s')]$$
$$= -87.2401\text{mm}^2$$

一侧最小配筋面积 $= \rho_{\min}bh = 245\text{mm}^2$

由于 $A_s < \rho_{\min}bh$，所以应按最小配筋率配筋，即

$$A_s = A_s{}' = 245\text{mm}^2$$

2. 斜截面受剪承载力计算

（1）截面验算：

$$h_w/b = 1 < 4$$

所以 $\chi = 0.25$。

$$V_{\max} = \chi\beta_cf_cbh_0 = 381.63125\text{kN} > V$$

所以截面满足要求。

(2) 配筋公式：

$$V < 1.75 f_t b h_0 / (\lambda + 1) + f_{yv} (A_{sv}/s) h_0 + 0.07N$$

$$0.3 f_c A = 525.525 \text{kN}$$

由于 $N < 0.3 f_c A$，取 $N = 394.2 \text{kN}$。

$$\lambda = M/(V h_0) = -8.18049 < 1$$

取 $\lambda = 1$。

$$A_{sv}/s = [V - 1.75 f_t b h_0 / (\lambda + 1) - 0.07N]/(f_{yv} h_0)$$

$$= -2.673926 \text{mm}^2/\text{mm}$$

所以应按照构造配置箍筋。

对于第 (2)、(3) 两组不利内力，经过计算（具体过程略），仍为构造配筋。

6.2.2 抗震设计

1. 正截面受压承载力计算

根据表 7.53 选取最不利内力如下：

(1) $N_{max} = 380.6 \text{kN}$，$M_{max} = 56.1 \text{kN} \cdot \text{m}$，$V = 25.1 \text{kN}$。

(2) $N_{min} = 250.2 \text{kN}$，$M = -41.0 \text{kN} \cdot \text{m}$，$V = 15.3 \text{kN}$。

首先按照第 (1) 组内力进行截面配筋。

根据表 6.24，偏心受压构件正截面承载力计算的抗震承载力调整系数为

$$\gamma_{RE} = 0.8$$

考虑地震作用组合的框架结构底层柱下端截面的弯矩设计值，对一、二、三级抗震等级应按考虑地震作用组合的弯矩设计值分别乘以系数 1.5、1.25、1.15 确定。

所以弯矩设计值调整为

$$M = 56.1 \times 1.15 = 64.5 \text{kN} \cdot \text{m}$$

$$e_i = |M/N| + e_a = 0.189 \text{m}$$

$$l_0 = 1.0H = 4.4 \text{m}$$

$$\zeta_1 = 0.5 f_c A/N = 2.301 > 1$$

所以取 $\zeta_1 = 1.0$。

$$\zeta_2 = 1.15 - 0.01 \, l_0/h = 1.024 > 1$$

所以取 $\zeta_2 = 1.0$。

于是，有 $\quad \eta = 1 + (l_0/h)^2 \zeta_1 \zeta_2 / (1400 e_i/h_0) = 1.182$

$$e = \eta e_i + h/2 - a_s = 353.900\text{mm}$$

$$\eta e_i/h_0 = 0.734 > 0.3$$

所以先按照大偏心计算。大偏心计算过程如下：

$$x = N/(f_c b) = 76.044\text{mm}$$

$$\xi = x/h_0 = 0.249 < \xi_b$$

所以满足大偏心。

$$A_s = A'_s$$
$$= [\gamma_{RE} Ne - f_c bx (h_0 - x/2)]/[f'_y (h_0 - a'_s)]$$
$$= 78.763\text{mm}^2$$

一侧最小配筋面积 $= \rho_{\min} bh = 245\text{mm}^2$

由于 $A_s < \rho_{\min} bh$，所以应按最小配筋率配筋，即

$$A_s = A'_s = 245\text{mm}^2$$

对于第（2）组不利内力，经过计算（具体过程略），仍为构造配筋。

2. 斜截面受剪承载力计算

考虑地震作用组合的框架柱、框支柱的剪力设计值 V_c 应按下式计算（三级抗震等级）：

$$V_c = 1.1(M_{\pm} + M_{\mp})/H_n$$

考虑地震作用组合的框架结构底层柱下端截面的弯矩设计值，对三级抗震等级应按考虑地震作用组合的弯矩设计值乘以系数 1.15 确定，所以有

$$M_{\mp} = 1.15 \times 56.1 = 64.5\text{kN} \cdot \text{m}$$

$M_{\pm}$ 应由"强柱弱梁"原则确定，三级抗震应满足：

$$\sum M_c = 1.1 \sum M_b = 1.1 \times 99.2 = 109.12\text{kN} \cdot \text{m}$$

$\sum M_c$ 按上下柱的线刚度分配，底层柱上端所分得的弯矩应为

$$M_c = \frac{i_{c1}}{i_{c1} + i_{c2}} \sum M_c = \frac{8.53}{8.53 + 10.2} \times 109.12 = 49.70\text{kN} \cdot \text{m}$$

所以，考虑"强剪弱弯"的柱剪力设计值为

$$V_c = 1.1(M_{\text{上}} + M_{\text{下}})/H_n$$
$$= 1.1(49.70 + 64.5)/(4.4 - 0.5)$$
$$= 32.21\text{kN}$$

（1）截面验算：

$$\lambda = H_n/(2h_0) = 6.639 > 3$$

取 $\lambda = 3$。

由于 $\lambda > 2$，所以 $\chi = 0.2$。

$$V_{\max} = \chi \beta_c f_c bh_0 = 305.305\text{kN} > \gamma_{RE} V$$

所以截面满足要求。

（2）配筋公式：

$$\gamma_{RE} V < 1.05 f_t bh_0/(\lambda + 1) + f_{yv}(A_{sv}/s)h_0 + 0.056\text{N}$$
$$0.3 f_c A = 525.525\text{kN}$$

由于 $N < 0.3 f_c A$，取 $N = 250.2\text{kN}$。

$$A_{sv}/s = [\gamma_{RE} V - 1.75\ f_t bh_0/(\lambda + 1) - 0.07N]/(f_{yv} h_0)$$
$$= -0.442\text{mm}^2/\text{mm}$$

应按照构造配置箍筋。

6.2.3　实配钢筋

（1）上部纵筋：2 Φ 14 （308mm^2，$\rho = 0.25\%$）$> A_s = 245$mm^2，配筋满足。

（2）下部纵筋：2 Φ 14 （308mm^2，$\rho = 0.25\%$）$> A_s = 245$mm^2，配筋满足。

（3）左右侧纵筋：柱全部纵向受力钢筋最小配筋百分率，三级抗震时不得小于 0.7%。所以左右侧纵筋面积为

$$A_s = (0.007 \times 350 \times 350 - 308 \times 2) = 241.5\text{mm}^2$$

配置 2Φ14 （307.9mm^2，$\rho = 0.25\%$）。

（4）总配筋率为 $0.25\% + 0.25\% + 0.25\% = 0.75\%$，大于 0.7% 且小于 5%，配筋满足。

（5）水平箍筋：三级抗震时，箍筋直径最小为 8mm，箍筋加

密区的箍筋最大间距取纵向钢筋直径的 8 倍（8×14＝112）和 150（柱根 100）中的较小值，所以取 $\phi8@100$ 双肢箍（1005mm²/m）；对三级抗震等级，非加密区箍筋间距不应大于 $15d＝15×14＝210$，所以非加密区取 $\phi8@200$ 双肢箍（503mm²/m）。

然后，验算体积配箍率。柱箍筋加密区的箍筋最小配箍特征值 λ_v 在三级抗震且轴压比小于或等于 0.3 时，取为 0.06。所以柱箍筋加密区箍筋的最小体积配筋率为

$$\rho_{vmin}=\lambda_v \frac{f_c}{f_{yv}}=0.06×16.7/210=0.48\%$$

其中，当混凝土强度等级低于 C35 时，混凝土轴心抗压强度设计值按 C35 取值，所以 f_c 取为 16.7。

$$\begin{aligned}
\rho_v &= \frac{n_1 A_{s1} l_1 + n_2 A_{s2} l_2}{A_{cor} s}\\
&= 2×2×(\pi×8×8/4)\\
&\quad ×(350-2×45)/[(350-2×45)\\
&\quad ×(350-2×45)×100]\\
&= 0.77\% > 0.48\%
\end{aligned}$$

满足要求。

附录 A 常用材料和构件的自重

表 A.1 常用材料和构件的自重

材料和构件类型	名　称	自　重	备　注
1. 木材（kN/m³）	杉木	4	随含水率而不同
	冷杉、云杉、红松、华山松、樟子松、铁杉、拟赤杨、红椿、杨木、枫杨	4~5	随含水率而不同
	马尾松、云南松、油松、赤松、广东松、桤木、枫香、柳木、檫木、秦岭落叶松、新疆落叶松	5~6	随含水率而不同
	东北落叶松、陆均松、榆木、桦木、水曲柳、苦楝、木荷、臭椿	6~7	随含水率而不同
	锥木（栲木）、石栎、槐木、乌墨	7~8	随含水率而不同
	青冈栎（槠木）、栎木（柞木）、桉树、木麻黄	8~9	随含水率而不同
	普通木板条、椽檩木料	5	随含水率而不同
	锯末	2~2.5	加防腐剂时为 3kN/m³
	木丝板	4~5	
	软木板	2.5	
	刨花板	6	
2. 胶合板材（kN/m²）	胶合三夹板（杨木）	0.019	
	胶合三夹板（椴木）	0.028	
	胶合三夹板（水曲柳）	0.028	
	胶合五夹板（杨木）	0.03	

材料和构件类型	名　　称	自　重	备　　注
2. 胶合板材 (kN/m²)	胶合五夹板（椴木）	0.034	
	胶合五夹板（水曲柳）	0.04	
	甘蔗板（按 10mm 厚计）	0.03	常用厚度为 13mm、15mm、19 mm、25mm
	隔声板（按 10mm 厚计）	0.03	常用厚度为 13mm、20mm
	木屑板（按 10mm 厚计）	0.12	常用厚度为 6mm、10mm
3. 金属矿产 (kN/m³)	铸铁	72.5	
	锻铁	77.5	
	铁矿渣	27.6	
	赤铁矿	25～30	
	钢	78.5	
	紫铜、赤铜	89	
	黄铜、青铜	89	
	硫化铜矿	42	
	铝	27	
	铝合金	28	
	锌	70.5	
	亚锌矿	40.5	
	铅	114	
	方铅矿	74.5	
	金	193	
	白金	213	
	银	105	
	锡	73.5	
	镍	89	
	水银	136	
	钨	189	

材料和构件 类型	名　称	自　重	备　注
3. 金属矿产 （kN/m³）	镁	18.5	
	锑	66.6	
	水晶	29.5	
	硼砂	17.5	
	硫矿	20.5	
	石棉矿	24.6	
	石棉	10	压实
		4	松散、含水量不大于15％
	石垩（高岭土）	22	
	石膏矿	25.5	
	石膏	13～14.5	粗块堆块 $\varphi=30°$ 细块堆放 $\varphi=40°$
	石膏粉	9	
4. 土、砂、 砂砾、岩石 （kN/m³）	腐殖土	15～16	干，$\varphi=40°$；湿，$\varphi=35°$； 很湿，$\varphi=25°$
	黏土	13.5	干，松，空隙比为1.0
		16	干，$\varphi=40°$，压实
		18	湿，$\varphi=35°$，压实
		20	很湿，$\varphi=25°$，压实
	砂子	12.2	干，松
		16	干，$\varphi=35°$，压实
		18	湿，$\varphi=35°$，压实
		20	很湿，$\varphi=25°$，压实
		14	干，细砂
		17	干，细砂
	卵石	16～18	干
	黏土夹卵石	17～18	干，松
	砂夹卵石	15～17	干，松

材料和构件类型	名　称	自　重	备　注
4. 土、砂、砂砾、岩石（kN/m³）	砂夹卵石	16～19.2	干，压实
		18.9～19.2	湿
	浮石	6～8	干
	浮石填充料	4～6	
	砂岩	23.6	
	页岩	28	
		14.8	片石堆置
	泥灰石	14	$\varphi=40°$
	花岗石、大理石	28	
	花岗石	15.4	片石堆置
	石灰石	26.4	
		15.2	片石堆置
	贝壳石灰岩	14	
	白云石	16	片石堆置，$\varphi=48°$
	滑石	27.1	
	火石（燧石）	35.2	
	云斑石	27.6	
	玄武岩	29.5	
	长石	25.5	
	角闪石、绿石	30	
		17.1	片石堆置
	碎石子	14～15	堆置
	岩粉	16	黏土质或石灰质的
	多孔黏土	5～8	作填充料用，$\varphi=35°$
	硅藻土填充料	4～6	
	辉绿岩板	29.5	

续表

材料和构件类型	名　　称	自　重	备　　注
5. 砖及砖块（kN/m³）	普通砖	18	240mm×115mm×53mm（684 块/m³）
		19	机器制
	缸砖	21～21.5	230mm×110mm×65mm（609 块/m³）
	红缸砖	20.4	
	耐火砖	19～22	230mm×110mm×65mm（609 块/m³）
	耐酸瓷砖	23～25	230mm×113mm×65mm（590 块/m³）
	灰砂砖	18	砂：白灰＝92：8
	煤渣砖	17～18.5	
	矿渣砖	18.5	硬矿渣：烟灰：石灰＝75：15：10
	焦渣砖	12～14	
	烟灰砖	14～15	炉渣：电石渣：烟灰＝30：40：30
	黏土坯	12～15	
	锯末砖	9	
	焦渣空心砖	10	290mm×290mm×140mm（85 块/m³）
	水泥空心砖	9.8	290mm×290mm×140mm（85 块/m³）
		10.3	300mm×250mm×110mm（121 块/m³）
		9.6	300mm×250mm×160mm（83 块/m³）
	蒸压粉煤灰砖	14.0～16.0	干重度
	陶粒空心砌块	5.0 6.0	长 600mm、400mm，宽 150mm、250mm，高 250mm、200mm 390mm×290mm×190mm
	粉煤灰轻渣空心砌志块	7.0～8.0	390mm×190mm×190mm、390mm×240mm×190mm

材料和构件类型	名　称	自　重	备　注
5. 砖及砖块（kN/m³）	蒸压粉煤灰加气混凝土砌块	5.5	
	混凝土空心小砌块	11.8	390mm×190mm×190mm
	碎砖	12	堆置
	水泥花砖	19.8	200mm×200mm×24mm（1042 块/m³）
	瓷面砖	19.8	150mm×150mm×8mm（5556 块/m³）
	陶瓷锦砖	0.12kN/m²	厚 5mm
6. 石灰、水泥、灰浆及混凝土（kN/m³）	生石灰块	11	堆置，$\varphi=30°$
	生石灰粉	12	堆置，$\varphi=35°$
	熟石灰膏	13.5	
	石灰砂浆、混合砂浆	17	
	水泥石灰焦渣砂浆	14	
	石灰炉渣	10～12	
	水泥炉渣	12～14	
	石灰焦渣砂浆	13	
	灰土	17.5	石灰：土=3：7，夯实
	稻草石灰泥	16	
	纸筋石灰泥	16	
	石灰锯末	3.4	石灰：锯末=1：3
	石灰三合土	17.5	石灰、砂子、卵石
	水泥	12.5	轻质松散，$\varphi=20°$
		14.5	散装，$\varphi=30°$
		16	袋装压实，$\varphi=40°$
	矿渣水泥	14.5	
	水泥砂浆	20	
	水泥蛭石砂浆	5～8	
	石棉水泥浆	19	

材料和构件类型	名　称	自　重	备　注
6. 石灰、水泥、灰浆及混凝土（kN/m³）	膨胀珍珠岩砂浆	7～15	
	石膏砂浆	12	
	碎砖混凝土	18.5	
	素混凝土	22～24	振捣或不振捣
	矿渣混凝土	20	
	焦渣混凝土	16～17	承重用
		10～14	填充用
	铁屑混凝土	28～65	
	浮石混凝土	9～14	
	沥青混凝土	20	
	无砂大孔性混凝土	16～19	
	泡沫混凝土	4～6	
	加气混凝土	5.5～7.5	单块
	钢筋混凝土	24～25	
	碎砖钢筋混凝土	20	
	钢丝网水泥	25	用于承重结构
	水玻璃耐酸混凝土	20～23.5	
	粉煤灰陶砾混凝土	19.5	
7. 沥青、煤灰、油料（kN/m³）	石油沥青	10～11	根据相对密度
	柏油	12	
	煤沥青	13.4	
	煤焦油	10	
	无烟煤	15.5	整体
		9.5	块状堆放，$\varphi = 30°$
		8	碎块堆放，$\varphi = 35°$
	烟末	7	堆放，$\varphi = 15°$

材料和构件类型	名　称	自　重	备　注
7. 沥青、煤灰、油料（kN/m³）	煤球	10	堆放
	褐煤	12.5	
		7～8	堆放
	泥炭	7.5	
		3.2～3.4	堆放
	木炭	3～5	
	煤焦	12	
		7	堆放，$\varphi=45°$
	焦渣	10	
	煤灰	6.5	
		8	压实
	石墨	20.8	
	煤蜡	9	
	油蜡	9.6	
	原油	8.8	
	煤油	8	
		7.2	桶装、相对密度 0.82～0.89
	润滑油	7.4	
	汽油	6.7	
		6.4	桶装、相对密度 0.72～0.76
	动物油、植物油	9.3	
	豆油	8	大铁桶装，每桶 360kg
8. 杂项（kN/m³）	普通玻璃	25.6	
	钢丝玻璃	26	
	泡沫玻璃	3～5	
	玻璃棉	0.5～1	作绝缘层填充料用
	岩棉	0.5～2.5	

材料和构件类型	名　　称	自　重	备　　注
8. 杂项 (kN/m³)	沥青玻璃棉	0.8～1	导热系数为 0.035～0.047 [W/ (m・K)]
	玻璃棉板（管套）	1～1.5	导热系数为 0.035～0.047 [W/ (m・K)]
	玻璃钢	14～22	
	矿渣棉	1.2～1.5	松散、导热系数为 0.031～0.044 [W/ (m・K)]
	矿渣棉制品（板、砖、管）	3.5～4	导热系数为 0.041～0.052 [W/ (m・K)]
	沥青矿渣棉	1.2～1.6	导热系数为 0.041～0.052 [W/ (m・K)]
	膨胀珍珠岩粉料	0.8～2.5	干，松散，导热系数为 0.052～0.076 [W/ (m・K)]
	水泥珍珠岩制品	3.5～4	强度 1N/mm²，导热系数为 0.058～0.081 [W/ (m・K)]
	膨胀蛭石	0.8～2	导热系数为 0.052～0.07 [W/ (m・K)]
	沥青蛭石制品	3.5～4.5	导热系数为 0.81～0.105 [W/ (m・K)]
	水泥蛭石制品	4～6	导热系数为 0.093～0.14 [W/ (m・K)]
	聚氯乙烯板（管）	13.6～16	
	聚苯乙烯泡沫塑料	0.5	导热系数不大于 0.035 [W/ (m・K)]
	石棉板	13	含水率不大于 3%
	乳化沥青	9.8～10.5	
	软橡胶	9.3	
	白磷	18.3	
	松香	10.7	
	磁	24	

材料和构件类型	名　称	自　重	备　注
8. 杂项 （kN/m³）	酒精	7.85	100％纯
		6.6	桶装、相对密度 0.79～0.82
	盐酸	12	浓度 40％
		15.1	浓度 91％
	硫酸	17.9	浓度 87％
	大碱	17	浓度 60％
	氯化铵	7.5	袋装堆放
	尿素	7.5	袋装堆放
	碳酸氢铵	8	袋装堆放
	水	10	温度为 4℃ 密度最大时
	冰	8.96	
	书籍	5	
	道林纸	10	
	报纸	7	
	宣纸类	4	
	棉花、棉纱	4	压紧平均重量
	稻草	1.2	
	建筑碎料（建筑垃圾）	15	
9. 食品 （kN/m³）	稻谷	6	$\varphi=35°$
	大米	8.5	散放
	豆类	7.5～8	$\varphi=20°$
		6.8	袋装
	小麦	8	$\varphi=25°$
	面粉	7	
	玉米	7.8	$\varphi=28°$
	小米、高粱	7	散装
		6	袋装

续表

材料和构件 类型	名　　称	自　重	备　　注
9. 食品 （kN/m³）	芝麻	4.5	袋装
	鲜果	3.5	散装
		3	装箱
	花生	2	袋装带壳
	罐头	4.5	装箱
	酒、酱、油、醋	4	成瓶装箱
	豆饼	9	圆饼放置、每块 28kg
	矿盐	10	成块
	盐	8.6	细粒散放
		8.1	袋装
	砂糖	7.5	散装
		7	袋装
10. 砌体 （kN/m³）	浆砌细方石	26.4	花岗岩，方整石块
		25.6	石灰石
		22.4	砂岩
	浆砌毛方石	24.8	花岗岩，上下面大致平整
		24	石灰石
		20.8	砂岩
	干砌毛石	20.8	花岗岩，上下面大致平整
		20	石灰石
		17.6	砂岩
	装砌普通砖	18	
	浆砌机砖	19	
	装砌缸砖	21	
	浆砌耐火砖	22	
	浆砌矿渣砖	21	
	浆砌焦油渣	12.5～14	

续表

材料和构件 类型	名　称	自　重	备　注
10. 砌体 （kN/m³）	土坯砖砌体	16	
	黏土砖空斗砌体	17	中填碎瓦砾，一眠一斗
		13	全斗
		12.5	不能承重
		15	能承重
	粉煤灰泡沫砌块砌体	8～8.5	粉煤灰：电石渣：废石膏 ＝74：22：4
	三合土	17	灰：砂：土＝1：1：9～ 1：1：4
11. 隔墙 与墙面 （kN/m²）	双面抹灰板条隔墙	0.9	每面抹灰厚 16～24mm， 龙骨在内
	单面抹灰板条隔墙	0.5	灰厚16～24mm，龙骨在内
	C 型轻钢龙骨隔墙	0.27	两层 12mm 纸面层膏板， 无保温层
		0.32	两层 12mm 纸面石膏板， 中填岩石保温板 50mm
		0.38	三层 12mm 纸面石膏板， 无保温层
		0.43	三层 12mm 纸面石膏 板，中填岩棉保温板 50mm
		0.49	四层 12mm 纸面石膏 板，无保温层
		0.54	四层 12mm 纸面石膏 板，中填岩石保温板 50mm
	贴瓷砖墙面	0.5	包括水泥砂浆打底，其 厚 25mm
	水泥粉刷墙面	0.36	20mm 厚，水泥粗砂
	水磨石墙面	0.55	25mm 厚，包括打底
	水刷石墙面	0.5	25mm 厚，包括打底
	石灰粗砂粉刷	0.34	20mm 厚
	剁假石墙面	0.5	25mm 厚，包括打底
	外墙拉毛墙面	0.7	包括 25mm 水泥砂浆打底

材料和构件 类型	名　称	自　重	备　注
12. 屋架、 门窗 （kN/m²）	木屋架	0.07 + 0.007× 跨度	按屋面水平投影面积计算， 跨度 l 以 m 计
	钢屋架	0.12 + 0.011× 跨度	无天窗，包括支撑，按屋 面水平投影面积计算，跨度 l 以 m 计
	木框玻璃窗	0.2～0.3	
	钢框玻璃窗	0.4～0.5	
	木门	0.1～0.2	
	钢铁门	0.4～0.5	
13. 屋顶 （按实际 面积 计算） （kN/m²）	黏土平瓦屋面	0.55	
	水泥平瓦屋面	0.5～0.55	
	小青瓦屋面	0.9～1.1	
	冷摊瓦屋面	0.5	
	石板瓦屋面	0.46	厚 6.3 mm
		0.71	厚 9.5 mm
		0.71	厚 12.1 mm
	麦秸泥灰顶	0.16	以 10mm 厚计
	石棉板瓦	0.18	仅瓦自重
	波形石棉瓦	0.2	1820mm×725mm×8mm
	镀锌薄钢板	0.05	24 号
	瓦楞铁	0.05	26 号
	彩色钢板波形瓦	0.12～0.13	0.6mm 厚彩色钢板
	拱形彩色钢板屋面	0.3	包括保温及灯具重 0.15kN/m²
	有机玻璃屋面	0.06	厚 1.0mm
	玻璃屋顶	0.3	9.5mm 铅丝玻璃、框架自 重在内
	玻璃砖顶	0.65	框架自重在内

材料和构件类型	名　称	自重	备　注
13. 屋顶（按实际面积计算）(kN/m²)	油毡防水层（包括改性沥青防水卷材）	0.05	一层油毡刷油两遍
		0.25～0.3	四层做法、一毡二油上铺小石子
		0.3～0.35	六层做法、二毡三油上铺小石子
		0.35～0.4	八层做法、三毡四油上铺小石子
	捷罗克防水层	0.1	厚 8mm
	屋顶天窗	0.35～0.4	9.5mm 铅丝玻璃、框架自重在内
14. 顶棚(kN/m²)	钢丝网抹灰吊顶	0.45	
	麻刀灰板条顶棚	0.45	吊木在内、平均灰厚 20mm
	砂子灰板条顶棚	0.55	吊木在内、平均灰厚 25mm
	苇箔抹灰顶棚	0.48	吊木龙内在内
	松木板顶棚	0.25	吊木在内
	三夹板顶棚	0.18	吊木在内
	马粪纸顶棚	0.15	吊木及盖缝条在内
	木丝板吊顶棚	0.26	厚 25mm，吊木及盖缝条在内
		0.29	厚 30mm，吊木及盖缝条在内
	隔声纸板顶棚	0.17	厚 10mm，吊木及盖缝条在内
		0.18	厚 13mm，吊木及盖缝条在内
		0.2	厚 20mm，吊木及盖缝条在内
	V 型轻钢龙骨吊顶	0.12	一层 9mm 纸面石膏板，无保温层
		0.17	一层 9mm 纸面石膏板，有厚 50mm 的岩棉板保温层
		0.20	二层 9mm 纸面石膏板，无保温层
		0.25	二层 9mm 纸面石膏板，有厚 50mm 的岩棉板保温层

续表

材料和构件类型	名 称	自 重	备 注
14. 顶棚 （kN/m²）	V型轻钢龙骨及铝合金龙骨吊顶	0.1～0.12	一层矿棉吸声板厚15mm，无保温层
	顶棚上铺焦渣锯末绝缘层	0.2	厚50mm焦渣、锯末按1：5混合
15. 地面 （kN/m²）	地板格栅	0.2	仅格栅自重
	硬木地板	0.2	厚25mm，剪刀撑、钉子等自重在内，不包括格栅自重
	松木地板	0.18	
	小瓷砖地面	0.55	包括水泥粗砂打底
	水泥花砖地面	0.6	砖厚25mm，包括水泥粗砂打底
	水磨石地面	0.65	10mm面层，20mm水泥砂浆打底
	油地毡	0.02～0.03	油地纸，地板表面用
	木块地面	0.7	加防腐油膏铺砌厚76mm
	菱苦土地面	0.28	厚20mm
	铸铁地面	4～5	60mm碎石垫层，60mm面层
	缸砖地面	1.7～2.1	60mm砂垫层，53mm面层，平铺
		3.3	60mm砂垫层，115mm面层，侧铺
	黑砖地面	1.5	砂垫屋，平铺
16. 建筑用压型钢板 （kN/m²）	单波型 V－300（S－30）	0.13	波高173mm，板厚0.8mm
	双波型 W－550	0.11	波高130mm，板厚0.8mm
	三波型 V－200	0.135	波高70mm，板厚1mm
	多波型 V－125	0.065	波高35mm，板厚0.6mm
	多波型 V－115	0.079	波高35mm，板厚0.6mm

材料和构件 类型	名　　称		自　重	备　　注
17. 建筑墙板 （kN/m²）	彩色钢板金属幕墙板		0.11	两层，彩色钢板厚 0.6mm，聚苯乙烯芯材 厚 25mm
	金属绝热材料（聚氨 酯）复合板		0.14	板厚 40mm，钢板厚 0.6mm
			0.15	板厚 60mm，钢板厚 0.6mm
			0.16	板厚 80mm，钢板厚 0.6mm
	彩色钢板夹聚苯乙烯 保温板		0.12～0.15	两层，彩色钢板厚 0.6mm，聚苯乙烯芯材板厚 50～250mm
	彩色钢板岩棉夹芯板		0.24	板厚 100mm，两层彩色钢 板，Z 型龙骨岩棉芯材
			0.25	板厚 120mm，两层彩色钢 板，Z 型龙骨岩棉芯材
	GRC 增强水泥聚苯复 合保温板		1.13	
	GRC 空心隔墙板		0.3	长 2400 ～ 2800mm，宽 600mm，厚 60mm
	GRC 内隔墙板		0.35	长 2400 ～ 2800mm，宽 600mm，厚 60mm
	轻质 GRC 空心隔墙板		0.17	3000mm× 600mm× 60mm
	轻质 GRC 保温板		0.14	3000mm× 600mm× 60mm
	轻质大型 墙板（太空 板系列）	厚度 80mm	0.7～0.9	6000mm × 1500mm × 120mm，高强水泥发泡芯材
			0.4	标准规格 3000mm×1000 （1200、1500）mm 高强水泥 发泡
		厚度 100mm	0.45	芯材，按不同檩距及荷载 配有不同钢骨架及冷拔钢 丝网
		厚度 120mm	0.5	
	GRC 墙板		0.11	厚 10mm
	钢丝网岩棉夹芯复合板 （GY 板）		1.1	岩棉芯材厚 50mm，双面 钢丝网水泥砂浆各厚 25mm

续表

材料和构件 类型	名 称	自 重	备 注
17. 建筑墙板 （kN/m²）	硅酸钙板	0.08	板厚 6mm
		0.10	板厚 8mm
		0.12	板厚 10mm
	泰柏板	0.95	板厚 100mm，钢丝网夹聚苯烯保温层，每面抹水泥砂浆厚 20mm
	蜂窝复合板	0.14	厚 75mm
	石膏珍珠岩空心条板	0.45	长 2500～3000mm、宽 600mm、厚 60mm
	加强型水泥石膏聚苯保温板	0.17	3000mm×600mm×60mm
	玻璃幕墙	1.0～1.5	一般可按单位面积玻璃自重增大 20%～30%取用

附录B 常用材料强度

表 B.1 混凝土强度标准值 单位：N/mm²

种类	混凝土强度等级													
	C15	C20	C25	C30	C35	C40	C45	C50	C55	C60	C65	C70	C75	C80
抗压 f_{ck}	10	13.4	16.7	20.1	23.4	26.8	29.6	32.4	35.5	38.5	41.5	44.5	47.4	50.2
抗拉 f_{tk}	1.27	1.54	1.78	2.01	2.2	2.39	2.51	2.64	2.74	2.85	2.93	2.99	3.05	3.11

表 B.2 混凝土强度设计值 单位：N/mm²

种类	混凝土强度等级													
	C15	C20	C25	C30	C35	C40	C45	C50	C55	C60	C65	C70	C75	C80
抗压 f_c	7.2	9.6	11.9	14.3	16.7	19.1	21.1	23.1	25.3	27.5	29.7	31.8	33.8	35.9
抗拉 f_t	0.91	1.1	1.27	1.43	1.57	1.71	1.8	1.89	1.96	2.04	2.09	2.14	2.18	2.22

注　1. 计算现浇钢筋混凝土轴心受压及偏心受压构件时，如截面的长边或直径小于 300mm，则表中混凝土的强度设计值应乘以系数 0.8；当构件质量（如混凝土成型、截面和轴线尺寸等）确有保证时，可不受此限制。

　　2. 离心混凝土的强度设计值应按专门标准取用。

表 B.3 普通钢筋强度标准值

种　　类	符　号	d（mm）	f_{yk}（N/mm²）
HPB235（Q235）	Φ	8～20	235
HRB335（20MnSi）	$\underline{\Phi}$	6～50	335
HRB400（20MnSiV、20MnSiNb、20MnTi）	$\underline{\Phi}$	6～50	400
RRB400（K20MnSi）	$\underline{\Phi}^R$	8～40	400

表 B.4 普通钢筋强度设计值 单位：N/mm²

种　类	符　号	f_y	f'_y
HPB235（Q235）	Φ	210	210
HRB335（20MnSi）	$\underline{\Phi}$	300	300

续表

种　类	符　号	f_y	f'_y
HRB400（20MnSiV、20MnSiNb、20MnTi）	Φ	360	360
RRB400（K20MnSi）	$Φ^R$	360	360

注　在钢筋混凝土结构中，轴心受拉和小偏心受拉构件的钢筋抗拉强度设计值 $f_y > 300 \text{N/mm}^2$ 时，仍应按 300N/mm^2 取用。

参 考 文 献

1 中华人民共和国建设部. 建筑结构荷载规范（GB 50009—2001）. 北京：中国建筑工业出版社，2006

2 中华人民共和国建设部. 混凝土结构设计规范（GB 50010—2002）. 北京：中国建筑工业出版社，2002

3 中华人民共和国建设部. 高层建筑混凝土结构技术规程（JGJ 3—2002）. 北京：中国建筑工业出版社，2002

4 中华人民共和国建设部. 建筑抗震设计规范（GB 50011—2001）. 北京：中国建筑工业出版社，2002

5 中华人民共和国建设部. 建筑工程抗震设防分类标准（GB 50223—2004）. 北京：中国建筑工业出版社，2004

6 中国工程建设标准化协会. 钢筋混凝土装配整体式框架节点与连接设计规程（CECS 43：92）. 北京：中国建筑工业出版社，1994

7 包世华. 新编高层建筑结构设计. 北京：中国水利水电出版社，2001

8 程文瀼，颜得姮，康谷贻. 混凝土结构. 北京：中国建筑工业出版社，2002

9 李爱群，高振世. 工程结构抗震与防灾. 南京：东南大学出版社，2003

10 邱洪兴，舒赣平，曹双寅，穆保岗. 建筑结构设计. 南京：东南大学出版社，2002

11 沈蒲生，罗国强. 钢筋混凝土结构第 2 版. 武汉：武汉工业大学出版社，1993

12 北京有色冶金设计研究总院. 混凝土结构构造手册. 第 2 版. 北京：中国建筑工业出版社，2003

13 尼尔逊 AH，温特尔 G. 混凝土结构设计. 第 11 版. 过镇海等译. 北京：中国建筑工业出版社，1994

14 叶锦秋，孙惠镐. 混凝土结构与砌体结构. 北京：中国建材出版社，2004

15 徐培福. 复杂高层建筑结构设计. 北京：中国建筑工业出版社，2005

16 吕西林. 高层建筑结构. 第 2 版. 武汉：武汉理工大学出版社，2004

17 多层及高层房屋结构设计编写组. 多层及高层房屋结构设计. 上海：上海科学技术出版社，1979

18 北京市建筑设计标准化办公室. 建筑设计技术细则-结构专业. 北京：经济科学出版社. 2005

出版者的话

尊敬的读者：

　　为适应国家建设发展的需要，为及时反映有关"新标准、新规程、新规范、新理论、新技术、新材料、新工艺、新方法"，为有志于在土木工程领域传播和推广科学技术知识的人士构筑学术出版平台，为渴求知识的读者在工作实践中的学习交流和继续教育创造机会，由中国水利水电出版社和知识产权出版社与清华大学土木工程系联手，倾力推出的"简明土木工程系列专辑"中的第一批出版物正式与您见面了。

　　在此，我们特别感谢您对本套专辑的热切关注。

　　为使您对本套专辑有更多的了解，以下一并列出2006～2007年已经出版和今后即将陆续出版的图书。如果您有什么要求，有什么意见和建议，真诚地希望和欢迎您随时与我们取得联系。具体联系方式详见版权页上的 E - mail 地址。

　　再次感谢您对本套专辑的支持与厚爱！

"简明土木工程系列专辑"
系列出版物